SAINT-PIERRE
DE ROME

MÉRY

II

PARIS
GABRIEL ROUX ET CASSANET, ÉDITEURS,
24, rue des Grands-Augustins.

1854

SAINT-PIERRE

DE ROME

Pour paraître incessamment

MÉMOIRES DE NINON DE LENCLOS

LES MYSTÈRES DU VIEUX PARIS

PAR PIERRE ZACCONE

Sous Presse :

La Femme comme il faut, par Balzac ;
La Circé de Paris, par Méry ;
Héloïse et Abeilard, par Clémence Robert ;
La Haine dans le Mariage, par Paul Féval ;
Le Comte de Carmagnola, par Molé-Gentilhomme ;
La Reine de Saba, par Emmanuel Gonzalès ;
La Haine d'une Morte, par Amédée Achard ;
L'Amant de Lucette, par H. de Kock ;
Un Roman, par Élie Berthet ;
Les Plaisirs du Roi, par Pierre Zaccone ;
L'Homme du Monde, par Frédéric de Sézanne ;
L'Amoureux de la Reine, par Jules de Saint-Félix ;
Marquis et Marquise, par Eugène de Mirecourt ;
Un Roman, par Ancelot ;
Le Benjamin, par Martial Boucheron.

HISTOIRE DU ROI DE ROME (DUC DE REICHSTADT),

Précédée d'un coup d'œil rétrospectif sur la Révolution, le Consulat et l'Empire,

PAR J.-M. CHOPIN.

AUTEUR DE L'HISTOIRE DES RÉVOLUTIONS DES PEUPLES DU NORD, ETC., ETC.,

OUVRAGE ILLUSTRÉ DE 45 BELLES GRAVURES SUR ACIER.

Dessinées par MM. Philippoteaux, Jules David, Schopin, Baron, Staal.

CONDITIONS DE LA SOUSCRIPTION

L'Histoire du Roi de Rome, illustrée, forme 50 livraisons.
Le prix de la livraison est de 30 cent. pour Paris et 40 cent. pour la province.

L'ouvrage est complet.

PARIS — IMPRIMERIE SIMON RAÇON ET Cie, RUE D'ERFURTH, 1

SAINT-PIERRE

DE ROME

PAR

MÉRY

II

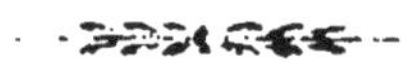

PARIS
GABRIEL ROUX ET CASSANET, ÉDITEURS,
24, rue des Grands-Augustins.

1854

X.

L'exclamation du comte fut répétée à voix basse par toute la famille et une vive anxiété se peignit sur le visage de la jeune fille et de la comtesse Vitelli.

Le comte et son fils montèrent au sommet

d'une des tours du château pour observer ce qui se passait aux environs, si les ténèbres n'étaient pas trop intenses : mais ils ne découvrirent rien.

Après quelques instants de cette recherche vaine, le jeune homme prit la parole :

— Mon père, dit Urbain, permettez-moi de faire une bonne action qui me plaît. Je vais sortir du château par la poterne secrète qui s'ouvre du côté de *Monte Rosso*; il y a une longue voûte de broussailles, obscure comme un souterrain, et qui débouche à la grande route. En trois bonds je suis à Ronciglione, où il y a un poste de dragons, et je m'en reviens avec main forte.

Le comte serra la main de son fils en signe d'acquiescement, et ils descendirent dans une des salles basses du château.

Le jeune homme fut bientôt prêt à partir ; mais avant de livrer son fils aux dangers de cette expédition, le comte Vitelli voulut jeter un dernier coup d'œil sur la campagne par une meurtrière assez large, et, cette fois, il vit une ombre se mouvoir à tâtons sur le chemin fort escarpé qui descendait de la forêt.

L'ombre ne tarda pas à prendre un corps humain et à se montrer à découvert sur le glacis du château.

Puis on entendit frapper à la grande porte, et ces mots, quoique prononcés à voix basse, arrivèrent aux oreilles du comte :

— Au nom de Dieu ! ouvrez-moi !

— C'est un malheureux, dit le comte Vitelli ; il est seul et sans armes ; nous pouvons, sans aucun péril, lui donner l'hospitalité.

Les deux femmes, un peu remises de leur frayeur, approuvèrent le comte qui descendit avec son fils, et ouvrit la porte à l'étranger.

C'était un jeune homme de vingt-cinq ans environ, d'une tournure fort distinguée, mais dont le costume s'échappait en lambeaux. La vive émotion à laquelle il paraissait en proie, ne lui permit de ne s'exprimer, en entrant, que par des signes et des regards où brillait le feu de la reconnaissance : il est inutile d'ajouter qu'on lui prodigua les soins les plus affectueux, et que l'hospitalité s'exerça envers lui avec cette vive effusion, qui, dans ce moment terrible, n'était qu'un devoir naturel.

Malgré le délabrement de ses habits, ce jeune homme laissait deviner qu'il appartenait à une classe élevée de la société : sa figure, ciselée au type aristocratique des grandes familles italiennes, avait un caractère de douceur fort remarquable, quoique malignement contrariée par des yeux d'un vert nébuleux, perdus sous les aspérités saillantes du front. Ses cheveux noirs, dévastés sans doute aux assauts d'une lutte violente, conservaient encore les traces d'une coupe gracieuse et achevaient de donner à l'ensemble de sa physionomie une suprême distinction. Le vif intérêt qui éclata autour de lui, ne devait que s'accroître, lorsqu'il raconta son aventure et ses malheurs dans un langage plein de charme, d'harmonie et de simplicité.

— Mon histoire, dit-il, doit être dite à mes bienfaiteurs, quoi qu'il puisse arriver. J'ignore si vous êtes mes amis ou mes ennemis ; je sais que l'hospitalité d'un toit italien est une chose sainte, sous les Alpes, comme sous les Apennins. Je suis le comte Frederico Nola, de Milan.

En disant ces mots, il se leva de l'air d'un homme qui vient de décliner un nom européen et proscrit, et qui attend un mouvement de surprise ou d'horreur pour se retirer.

Les visages restèrent impassibles et les bouches muettes. Personne, dans la famille, n'avait entendu parler de ce Frederico Nola qui devait partout exciter tant de consternation en se nommant.

Bien plus, le comte Stephano Vitelli sourit avec bienveillance, et prenant la main de l'étranger, il le força doucement à se rasseoir.

— Excusez ce moment de misérable orgueil, dit-il d'un ton angélique, j'ai cru que mon nom était arrivé jusqu'à vous. Le malheureux se console en s'imaginant que toute la terre s'occupe de lui.

— Cela ne doit pas vous ôter une seule de vos chères illusions, monsieur le comte, dit Stephano Vitelli en riant, car nous vivons, nous, en dehors du monde, et nous ne savons rien de ce qui se fait. Mon fils Urbino passe huit mois de l'année à Rome, mais il ne sort pas de l'atelier d'Overbeck, où on ne s'entretient que de Mazaccio, de Fra-Angelico et de Cosme de Médicis : on y est toujours en plein quinzième siècle, et celui qui oserait s'avancer jusqu'au seizième, serait chassé immédiatement.

L'étranger donna un sourire mélancolique à cette innocente épigramme, et s'assit.

— Au moins, dit-il, vous avez entendu parler des derniers troubles de la Lombardie ?

— Sans doute, dit Stephano ; cela est arrivé jusqu'à nous.

— Eh bien! ajouta l'étranger d'une voix émue, je suis un malheureux proscrit des États lombards, et ma tête ne m'appartient pas.

Il s'arrêta, comme pour examiner l'impression que sa phrase devait produire autour de lui, et il fit un second mouvement pour se lever.

Le comte le retint de nouveau, et faisant épanouir sur son austère figure un sourire :

— Je n'ai entendu qu'un seul mot de votre

phrase, dit le comte Stephano, et ce mot me suffit.

— *Proscrit?* demanda l'étranger d'une voix timide.

— Non, *malheureux!* dit le comte, et il lui tendit ses mains hospitalières, qui furent serrées énergiquement.

— Quelques mots encore, comte Stephano, dit l'étranger, et vous saurez toute mon histoire... J'allais voir et consoler ma mère qui est à Siniglia, sur le bord de l'Adriatique, lorsque j'ai appris que des instructions de police ont été données, et que je dois être arrêté en arrivant. Je ne voyage que de nuit, toujours à pied, et par des chemins impraticables. Dans ma position on ne saurait s'entourer de précautions trop minutieuses. En traversant la forêt de Viterbe, je viens d'etre assailli par trois hommes embusqués qui ont fait feu sur moi, et comme ce misérable costume ne dénonce pas un voyageur opulent à la rapacité des bandits, j'ai lieu de croire que je n'ai pas eu affaire à des bandits. Je serai tombé dans un guet-apens dressé par les sbires de la police de Viterbe. Heureusement je marche toujours avec l'expérience du proscrit, j'évite les chemins frayés ; je longe la crête des ravins, des abîmes, des précipices, afin de pouvoir, d'un seul bond, mettre, au besoin, un large espace entre mes agresseurs et moi. Je dois mon salut à cette précaution. En voyant luire des armes, sous les feuilles, je me suis précipité dans un chemin creux ; on a tiré au vol, pour ainsi dire, et on m'a manqué.

Deux lèvres vivement posées sur la main du

comte Stephano servirent de péroraison à ce récit.

La comtesse Vitelli et la jeune Fiorina étaient émues aux larmes. Stephano entourait l'étranger d'une sollicitude affectueuse; Urbain, seul, obéissant à son insu aux conseils d'un instinct nerveux, paraissait accueillir avec une certaine méfiance les paroles du jeune Lombard. Il y a, dans les organisations d'artiste un sixième sens, qui est l'odorat de l'esprit, et qui perce le masque avec lequel le visage le plus subtil veut se déguiser. Cet instinct n'est pas toujours infaillible, mais il a son utilité, comme précaution.

Cependant Urbino ne comprenait pas ce qui se passait dans son cœur, et il se reprochait intérieurement la vague méfiance qui l'éloignait d'un malheureux proscrit. Elevé dans l'austérité monacale de l'atelier d'Overbeck, il pensa que cette antipathie, sans motif raisonnable, prenait sa source dans la nature de cette éducation, si étrangère aux violences de la politique et aux déréglements mondains. Aussi le jeune artiste ne tarda pas de se reprocher sa méfiance, comme un crime de lèse-hospitalité.

Il y a des contractions de visage et des habitudes de corps qui jurent avec l'ensemble du personnage ; les nuances échappent aux observateurs superficiels, mais trahissent des secrets intérieurs aux yeux et à l'instinct des hommes clairvoyants. Ce sont ces nuances imperceptibles qui avaient ému le sens magnétique du jeune Urbain. L'étranger avait un de ces sourires brusques qui traversent le visage et laissent le regard sérieux. Ces sourires n'ont pas la gradation qui les fait poindre et mourir ; on devine qu'ils ne se lient pas au mécanisme de la joie intérieure, et qu'ils sont imposés, par artifice, au jeu des muscles du front.

Le proscrit Frederico Nola souriait ainsi. Malgré les reproches qu'Urbain venait de se faire, il éprouvait une secousse nerveuse à chaque sourire de cet étranger, sourire qui arrivait sur ses lèvres par brusques saccades et comme obéissant à une volonté impérieuse.

Rien pourtant n'était plus gracieux que le geste de ce jeune homme, plus mélodieux que le son de sa voix. Désespéré d'avoir jeté, un moment, le trouble dans cette calme famille, on voyait qu'il faisait des efforts merveilleux pour opérer une joyeuse diversion. Répondant à une demande du comte Stephano Vitelli, il disait avec un charme exquis :

— Oui, seigneur comte, le métier de proscrit est dur, et souvent je serais ravi de rencontrer, sur ma route, mon guichetier qui m'attend avec un lit de paille, un pain noir et un toit ; et pourtant, lorsque la mort est là, nous nous cramponnons encore à la vie, par habitude ! c'est qu'il est plus aisé de vivre que de mourir, même dans le malheur consommé.

— Ensuite, dit la comtesse Vitelli, il n'y a pas de malheur qui ne soit accompagné d'un espoir.

— C'est une éternelle vérité, madame, — poursuivit le proscrit, en s'inclinant vers la comtesse. — J'ai des amis puissants qui s'occupent chaudement de ma demande en grâce ;

le pardon est lent à venir, mais le retard irrite l'espoir et ne l'éteint pas : d'ailleurs la jeunesse doit savoir attendre. Aujourd'hui, je mendie le pain du pâtre des Apennins, mais demain je puis rentrer dans mes immenses richesses, et j'aurai du moins appris à jouir. Je prépare donc de la reconnaissance à mon malheur, quand il me quittera.

— Comte Frederico, dit Vitelli, nous éprouvons un grand plaisir à vous entendre, mais vous devez avoir besoin de repos, et s'il vous plaît de vous retirer, mon domestique va vous conduire à notre appartement de réserve, où vous passerez, j'espère, une bonne nuit.

— Comte Stephano, — dit le proscrit en se levant, — votre offre est douce à l'oreille d'un malheureux qui, depuis cinq mois, a pour édredon un fragment des Apennins. J'ai fait mon dernier sommeil dans l'une des deux iles du lac de Bolsena ; il m'a fallu gagner mon auberge à la nage. Je n'ai pas dormi depuis. Entre Montefiascone et Viterbe, il n'y a qu'une plaine immense, et pas un arbre pour cacher le sommeil d'un proscrit.

— Vous avez un asile, comte Frederico, dit Vitelli, et je ne souffrirai pas que vous quittiez ma maison avant...

— Oh! seigneur comte, dit le proscrit en interrompant avec une vivacité affectueuse, j'accepte avec une reconnaissance éternelle votre hospitalité d'une nuit; mais demain j'irai encore à ma destinée.

— Vous attendrez votre grâce ici, comte Frederico; vous êtes mon prisonnier, ajouta Vitelli en riant.

— Et si mon séjour ici, dans votre chateau, comte Vitelli, vous compromettait auprès de la cour de Rome...

— N'ayez pas cette obligeante crainte, interrompit Stephano, je suis tout-à-fait dans les bonnes grâces du cardinal gouverneur de Viterbe, et mon château est à l'abri de toute perquisition.

— Alors j'accepte, seigneur comte, l'hospitalité d'une nuit, je l'accepte avec la reconnaissance du malheureux.

Il y eut un instant de silence après cette parole de l'étranger. La famille Vitelli n'osait le rompre, craignant de toucher quelque sensibilité ignorée. Le comte Frederico Nola comprit cette délicatesse, et s'adressant au maître de la maison :

— Vous avez là, comte Vitelli, dit l'étranger, un domaine fort beau et qui a vu bien d'autres scènes émouvantes que celle de ce soir. J'ai cru reconnaître, en entrant, l'architecture du quatorzième siècle...

— Il a été bâti en 1385, par le cardinal Antonio Vitelli. Lorsque le pape Clément VII s'évada du château Saint-Ange, après la prise de Rome par les impériaux, et qu'il vint rejoindre l'armée libératrice de Lautrec, à Orvietto, il passa deux jours dans cette maison.

L'étranger s'inclina comme de respect.

— C'est qu'on pourrait fort bien soutenir siége ici, — dit-il avec un ton de légèreté insouciante, et en mesurant les murs en étendant les bras ; — six pieds d'épaisseur, c'était à l'épreuve de la flèche en 1385... est-ce partout la même dimension ?

— Oui, comte Frederico ; en 1527, mon château a soutenu siége contre les soldats du prince d'Orange, et la tour du Midi a été bâtie pour servir de bastion avancé sur les dessins de Buonarotti.'

A ce grand nom, le proscrit s'inclina une seconde fois.

— Je rendrai grâce au ciel, dit-il, si l'appartement que vous me destinez, cette nuit, se trouve dans la tour de Michel-Ange Buonarotti.

— Non, dit Stephano; mais nous avons une chambre toute prête, dans ce même bastion; celle où ce grand artiste a passé une nuit, après le siége de Florence, lorsqu'il était comme vous, fugitif, à travers les Apennins, et qu'il gagnait un port de l'Adriatique pour se rendre à Venise.

— Michel-Ange a été couvert, comme moi, par l'hospitalité de ce château ! s'écria le proscrit avec une émotion stridente. Oh ! je bénis le sort qui a daigné me rendre malheureux, pour me donner la joie de cette nuit !

— C'est le cœur et l'âme d'un artiste, dit le comte Stephano, en se retournant vers sa femme et sa fille.

Le jeune Urbain observait et écoutait tout, avec des luttes intermittentes de méfiance et d'attendrissement.

Le comte Frederico avait-il deviné ce qui se passait dans le cœur du jeune homme? nul ne le sait. Toujours est-il que depuis un instant c'était pour lui seul qu'il parlait ; sa grande admiration pour Michel-Ange n'avait d'autre but que de gagner les bonnes grâces du disciple d'Overbeck.

Les heures de la veillée nocturne s'écoulaient rapidement au milieu de ces émotio n et de ces entretiens. Il était temps de songer au repos.

Le comte Stephano indiqua son chemin à l'étranger qui prit congé de la famille, et suivit le maître dans un labyrinthe de galeries et de salles démeublées, assez semblables à des souterrains peints à fresque. Enfin le comte Stephano Vitelli installa le seigneur lombard dans la chambre du bastion Michel-Ange, et lui serrant une dernière fois la main, il lui souhaita la plus heureuse des nuits.

Quand l'étranger eut fermé la porte de cette chambre, et que les pas du comte Vitelli se furent perdus dans les corridors lointains, le jeune homme examina les murs avec le plus grand soin, comme pour s'assurer qu'aucune crevasse n'en avait désuni les pierres ; puis il ouvrit une fenêtre, dont le parapet était en saillie sur un bois de pins, et regarda la campagne avec une curiosité qui ne ressemblait nullement à une contemplation d'artiste. Cela fait, il se jeta sur un lit dressé par une hospitalité aveuglément généreuse, et s'endormit avec le calme angélique de l'enfant au berceau.

XI.

Ce sommeil dura longtemps, et certes si quelqu'un des maîtres de cet antique manoir poussé par un soupçon invincible se fût approché de la porte pour épier le repos du comte Nola, tous les soupçons auraient disparu devant le calme sommeil du proscrit. Le soleil se leva et Frederico dormait encore.

L'arrivée d'un étranger dans un vieux château solitaire y produit toujours une certaine perturbation, surtout si des circonstances mystérieuses se rattachent à cette arrivée imprévue.

Le lendemain, avant l'heure accoutumée, la comtesse Vitelli et sa fille étaient descendues au salon, après avoir donné, à leur insu et fort innocemment, quelque prétention à leur toilette de campagne. D'ailleurs, elles avaient été surprises, la veille, dans un grand négligé de famille, et, même pour le regard d'un passant qui traverse le perron d'un château, on est bien aise de se montrer avec ses avantages : c'est excusable, comme tout ce qui est naturel.

La femme est toujours femme, dans quelque position qu'elle se trouve. Son premier soin, sa première inquiétude, son premier désir sera toujours de plaire à ceux qui la voient. Ceci est de règle générale et moins que personne les femmes d'Italie cherchent à faire exception.

A l'antique manoir des Vitelli, devant la façade qui regarde le lac, une main d'ancêtre prévoyant a semé au hasard une famille de pins et de cyprès admirablement assortis. Ces deux sortes d'arbres s'accommodent fort bien de ce climat, et nulle part ils ne se développent avec plus d'opulence. Je recommande aux peintres voyageurs un pin qui s'élargit à droite de Ronciglione, et qu'on trouve en entrant dans ce village : c'est le phénomène de l'espèce, et il donne une idée de la végétation colossale de ce pays.

Abritées du soleil levant par ces arbres, et assises devant un guéridon d'ardoise fêlée, la comtesse et sa fille travaillaient paresseusement à une de ces broderies que les femmes ne terminent jamais à la campagne. Une brèche ouverte par un pin tombé laissait voir le lac de Vico, avec ses rives tumulaires, que toute la joie du soleil ne pouvait égayer. Ce lac, comme celui de Bolsena, son voisin, a été autrefois un cratère de volcan. Un jour, le volcan, fatigué sans doute de jeter son épouvante au désert et de n'effrayer personne, abdiqua soudainement et changea de profession : il se fit lac; assitôt les coteaux de l'ex-volcan se boisèrent d'oliviers sauvages, d'aloës, d'euphorbes, de genêts, de lentisques, et les oiseaux de marécages vinrent tourbillonner sur ce cratère, qui était devenu pour eux un limpide réservoir. Toutefois, comme un volcan ne traverse jamais un pays sans y laisser l'empreinte de sa domination, le lac de Vico, son aquatique successeur, a conservé autour de lui, comme un héritier soigneux, ce caractère désolé qu'on retrouve dans le voisinage du Vésuve et de l'Etna.

La comtesse Vitelli et sa fille causèrent d'abord de choses tout-à-fait étrangères à la situation, mais Urbino, étant arrivé, et ayant pris place entre sa mère et sa sœur, la conversation tomba sur le proscrit.

— Je viens de lui envoyer Vicenzo, avec un costume complet de campagnard, dit Urbain; ce Frederico Nola est à peu près de ma taille, et j'ai pu très-facilement lui rendre ce service, dont il avait grand besoin.

— C'est un jeune homme fort distingué, dit la comtesse, et il devait être bien honteux, hier, en paraissant devant nous, vêtu comme saint Labre.

— Lui, honteux ! — dit Urbain, en haussant les épaules, — il était à son aise, en entrant dans ce château, comme Vitelli Ier. Au reste, s'il est proscrit et vagabond, il ne doit pas avoir la prétention d'être vêtu comme un gentilhomme romain à la dernière messe de l'église des Jésuites. Il a le costume de sa profession.

La comtesse Vitelli allait sans doute répondre à ces paroles de son fils qui témoignaient de la mauvaise impression produite sur lui la veille par le sourire de l'étranger, lorsqu'un bruit de pas venant de la maison suspendit l'entretien.

En même temps, on entendit le rire modéré du comte Vitelli, qui avait l'air de continuer, avec ce rire, une phrase commencée devant une autre personne, et qu'il allait achever en famille.

— Oui, il voulait partir, dit-il, en descendant l'escalier du perron — partir en plein soleil, sous prétexte qu'il ne craint plus rien, maintenant qu'il porte les habits neufs d'un gentilhomme campagnard. Son intention était de laisser Ronciglione à gauche, de suivre les bords du lac, puis de traverser la grande route, avant de descendre dans la plaine de Baccano, et de gagner ensuite l'Adriatique, en trois jours de marche. Il m'a montré son itinéraire; c'est précisément, m'a-t-il dit, la route qu'a suivie Annibal, quand il sortit borgne des marais de l'Étrurie, pour aller au lac de Trasimène. — Mais, mon cher Frederico, lui ai-je répondu, Annibal n'avait pas conspiré, comme vous, en Lombardie, et il avait cinquante mille hommes avec lui : avec cette escorte, tout chemin mène à Rome...

— Enfin, — dit la comtesse, avec une impatience contenue, — l'avez-vous décidé à rester?

— Je l'ai décidé à hésiter; c'est beaucoup, avec ces jeunes têtes folles. Ne croyez pas au moins que ce soit, par intérêt pour lui, que je m'obstine à le garder ici, c'est pour sa mère.

— Connaissez-vous sa mère? demanda timidement Urbain.

— Non, mais c'est une mère, dit le comte.

— Bien répondu! observa modestement Fiorina, et la comtesse lui servit d'écho.

— Je vois avec plaisir, ajouta le comte, que nous sommes tous du même avis; c'est fort heureux, quand on est quatre.

Les deux femmes donnèrent un signe d'assentiment; Urbain détacha des noix de cyprès et les fit rouler sur le gazon. Il n'osait contredire son père; mais son visage laissait voir clairement qu'il ne partageait pas l'opinion du reste de la famille. Ne pouvant exprimer hautement la sienne et dire ce qui se passait dans son cœur, il se soumettait à la nécessité, mais avec une répugnance visible.

Un bruit de pas élégamment composés annonça la venue du proscrit.

Ce jeune homme avait corrigé, par la gracieuse souplesse de ses mouvements, les nombreux défauts de son costume d'emprunt. Il ôta son chapeau de paille à larges ailes, en apercevant la comtesse, et s'approchant d'elle, il lui baisa respectueusement la main. Le salut qu'il adressa à la jeune fille fut d'une politesse imperceptible.

La beauté de la comtesse Vitelli avait le tort d'avoir cinquante ans. Malgré ce défaut, cette excellente femme parut sensible à ces marques d'attention, comme si elle eût oublié la moitié de son âge.

— Eh bien! mauvaise tête, — dit le comte avec une familiarité qui semblait vieille de dix ans, — qu'avons-nous décidé?

— Hélas! toujours la même chose, — dit le proscrit d'un ton qui cache une pensée, — sans doute l'accueil que j'ai reçu dans votre charmante famille m'a ébranlé un instant;

mais il y a des devoirs sacrés avec lesquels on ne transige pas. Hier soir, j'étais accablé par la circonstance; j'ai dû céder... ce matin, ma tête est libre, et je suis obligé de me souvenir...

— De votre mère? demanda le comte.

— Oh! celle-là, je m'en souviens toujours, — poursuivit le proscrit en élevant au ciel des yeux remplis de l'expression de la piété filiale, — c'est un autre devoir, et plus sacré peut-être, qui m'arrache violemment à votre douce hospitalité.

Il se fit un moment de silence. Tous les regards étaient attachés aux lèvres du proscrit.

Sa pose était superbe et trop naturelle pour laisser croire qu'elle avait été étudiée. Il s'appuyait, avec une gracieuse négligence, sur la tige d'un pin, roulait, d'une main blanche et fine, quelques boucles de ses cheveux, et tenait ses yeux fixés à l'horizon du lac, comme s'il eût demandé à des êtres invisibles une salutaire inspiration.

— Comte Vitelli et vous, madame, — dit-il avec un soupir qui semblait l'indice d'un effort suprême, — je ne dois pas payer votre noble hospitalité par une lâche méfiance... il faut donc tout dire... Je ne suis pas seul proscrit, je suis deux, c'est-à-dire que mon sort est indivisiblement lié au sort d'un ami.

— Et où est cet ami? demanda vivement le comte.

— Cet ami m'attend.

— Où vous attend-il?

— Au rendez-vous que je lui ai assigné.

— Bien loin d'ici, comte Frederico?

— Non, comte Vitelli.

Pendant tout ce dialogue, le fils du comte Vitelli s'était violemment contenu. Les paroles du proscrit sonnaient aussi mal à ses oreilles que son sourire déplaisait à son œil d'artiste. Le langage prudent et évasif de Frederico lui paraissait peu de circonstance; aussi, à cette dernière parole ne pouvant se contenir, Urbain fit un mouvement singulier, accompagné d'une aspiration violente.

— Comte Frederico, dit Vitelli, voilà mon fils qui brûle déjà d'aller porter vos ordres à votre ami.

Le proscrit lança un regard oblique à Urbain, un regard rapide comme l'éclair, mais illuminé d'une sagacité merveilleuse. Rien de ce qui s'était passé dans la maison depuis son arrivée n'avait échappé à son œil infaillible. Il était sûr de la bienveillance du comte, de la pitié de la mère et de la fille. Après ce regard, Urbain était jugé à fond.

— Dieu me préserve d'exposer ainsi votre fils ! dit le proscrit en pressant la main d'Urbain, qui se la laissa prendre et ne la donna pas. Songez que nous sommes entourés d'espions, et qu'un acte d'humanité pourrait être traduit en acte de complicité.

— Oh ! nous ne risquons rien, dit le comte; mes opinions, celles de toute ma famille sont connues ; nous ne sommes pas suspects. Les Vitelli sont de pères en fils attachés aveuglément au Saint-Siége. Quel que soit le pape qui règne, nous sommes toujours prêts à exécuter ses volontés. Aussi, à cette heure, j'ouvre les yeux sur vos infortunes, je les ferme sur vos fautes. Je suis chrétien avant tout. Au lieu d'un malheureux à sauver, j'en ai deux. Il ne faut pas compter avec les bonnes actions, quoi qu'il arrive.

— Non, dit le proscrit, en serrant les mains du comte, non, tout bien réfléchi, c'est impossible... en supposant que vous, votre fils ou votre domestique, vous puissiez vous charger d'une commission, il vous serait impossible de découvrir la retraite de mon ami, et si vous la trouviez, la rencontre pourrait être dangereuse, avant l'explication, si mon ami est armé.

— Nous porterons une lettre de vous, comme garantie.

— Mon ami prendrait cette lettre pour un piége; il n'écouterait rien et ferait feu sur le facteur...

— Mais c'est donc un démon incarné que

votre ami ? dit le comte qui voyait douloureusement échouer tous ses efforts pour retenir le proscrit.

— C'est un homme d'un caractère fort doux et presque craintif. Mais l'infortune change les meilleures natures. Le malheur nous rend défiant. Nous sommes de tous côtés entourés d'embûches et de trahisons auxquelles nous n'échappons que par une prudence excessive. Il faut excuser les précautions de mon ami.

— Et ces précautions nous empêchent de lui rendre service ainsi qu'à vous.

— Voici un moyen de tout arranger, dit la comtesse, qui avait suivi cette scène avec un intérêt haletant ; — M. le comte Frederico attendra ici la nuit, et quand une forte obscurité favorisera une course aux rives du lac, il ira trouver son ami et l'amènera au château.

— Ah! — dit le comte en battant des mains, — il n'y a que les femmes pour trouver les meilleurs expédients! Comte Frederico, vous n'avez rien à répondre à cela.

Pour les acteurs et les témoins de cette scène rien ne trahit ce qui se passait dans l'âme du comte Frederico. Il avait écouté les paroles de la comtesse et l'exclamation de son mari avec la déférence d'un homme bien élevé; voilà tout.

Un observateur habile aurait pu découvrir sur la figure de l'étranger une contraction imperceptible, qui annonçait la joie secrète de l'homme arrivé à son but, par mille détours adroits. L'impassibilité ne se stéréotype que sur de vieux visages diplomatiques, lorsque les muscles ont perdu leurs ressorts; mais le jeune homme le plus subtil ne peut maitriser les lignes de sa face : l'épiderme est trop vif encore; il se révolte contre l'astuce de la volonté.

Le proscrit fit une pantomime de résignation, et dit :

— Allons, je me soumets à mon bonheur; cette retraite est douce, et j'y attendrai les événements en toute sécurité. Je veux ce que veulent mes nobles protecteurs.

— C'est cela! dit le comte, et cette nuit vous ferez comme a dit la comtesse et vous nous amènerez le comte... le... votre ami... Vous ne nous avez pas dit son nom...

— Mon ami, dit le proscrit, n'est pas noble de race, mais il est noble de cœur; c'est un artiste, un grand peintre, un caractère antique, une âme de feu, un de ces généreux hommes qui ne vivent qu'en dehors d'eux-mêmes, et qui s'oublient pour ne pas oublier les autres!...

L'étranger s'inclina modestement et serra la main du comte.

Cependant toute la famille Vitelli ne partageait pas le subit engouement du comte et de la comtesse pour l'étranger proscrit.

Quand ces arrangements de famille eurent été pris et convenus avec le comte Frederico, Urbain, qui conservait encore au fond du cœur ses doutes de la veille, monta lentement l'escalier du perron, il quand il eut disparu dans la première salle, il courut trouver au jardin Vincenzo qui causait avec lui-même, faute d'interlocuteur.

— Vincenzo, lui dit Urbain, toi qui as de

l'expérience et du coup d'œil, toi qui as vu les hommes enfin, que penses-tu de ce comte Frederico qui bouleverse notre maison depuis hier soir?

— Ah!... oui... le comte Frederico, — dit le domestique, avec la lenteur d'un valet prudent qui tâche de deviner l'opinion du maître qui interroge pour être de la même opinion, — oui, ce proscrit... qui a tout mis en émoi dans le château... il paraît très... malheureux.

— Beau miracle! on paraît ce qu'on veut paraître... en se déguisant! Ce n'est pas là ce que je te demande.

— Votre Seigneurie a raison; et il serait possible que ce malheureux ne le fût pas. Cela s'est vu plus d'une fois.

— Tu connais mon père, Vincenzo; il a

déjà son idée fixe sur ce Frederico, et il n'en démordra pas. Aussi je me garderai bien de lui faire la moindre observation. Moi aussi j'ai mon idée fixe. Ce jeune homme arrive au château avec un projet. Quel est ce projet? voilà ce qu'il m'est impossible de savoir... Cent fois j'ai rejeté bien loin ma pensée qui me paraissait une lâche calomnie contre un proscrit malheureux. Cent fois, je me suis senti entraîné vers lui, par sa grâce et le charme de sa parole, et toujours une force mystérieuse a cloué mes pieds sur place au moment où je m'avançais. Vincenzo, toi qui as connu les hommes; toi qui as vu quelques honnêtes gens et beaucoup de fripons, qu'as-tu remarqué sur le visage et dans les yeux de Frederico, en supposant que ce soit son vrai nom? Voyons, n'as-tu rien remarqué?...

—A parler franchement à Votre Seigneurie, je n'aime pas les yeux de ce voyageur, il y a de la brume dans son regard et du sérieux dans son sourire; deux mauvais signes, disait mon père à moi, et il était bon juge.

— Bon! je suis ravi de m'être rencontré avec toi!... maintenant, si nous admettons que cet homme est venu ici avec une mauvaise pensée, sur quelle conjecture pouvons-nous nous arrêter, dans un but de défense et de précaution? Il est bon de nous préparer à tout événement et rien ne prépare comme un plan arrêté.

Le serviteur plaça horizontalement son bras gauche sur la poitrine, et soutenant le coude du bras droit, il caressa son menton avec sa main, pour s'aider à trouver une idée capable de prévenir toute catastrophe.

La réflexion menaçait de devenir longue, et Urbain, peu habitué aux lenteurs, donnait des signes d'impatience. Il regardait la cime des arbres du jardin, il frappait la terre du pied. Enfin Vincenzo se décida à parler.

— Que Votre Seigneurie m'excuse, dit le serviteur; si le comte Vitelli avait la réputation d'homme riche, j'oserais croire qu'on a jeté les yeux sur son coffre-fort, du fond de quelque caverne suspecte, et qu'un successeur du bandit Gasperone s'est déguisé en proscrit pour piller le château; mais avant de faire une expédition, tout adroit bandit a sondé la bourse ou la caisse qui est à la mire de sa carabine; et quand la potence est au bout de la tentative, on ne veut pas tirer sa poudre aux moineaux. Ainsi, je n'admettrai jamais que notre étranger soit un bandit et un pillard. Voilà déjà une supposition que nous pouvons exclure.

— Je suis assez de ton avis, Vincenzo, ce Frederico me tient en défiance, mais il a de si belles manières, un esprit si charmant, une tournure si gracieuse, qu'il m'est impossible de loger dans ce corps l'âme d'un bandit vulgaire qui pille la caisse ou le coffre-fort.

— Ah! ce n'est pas une raison, dit Vincenzo, nous avons eu en Italie des bandits charmants et façonnés aux belles manières.

— Oui, dans les comédies de Goldoni et dans l'opéra *dei Zingari in fiera,* mais dans la vie réelle, les bandits sont des bandits. On n'apprendra jamais les belles manières du gentilhomme dans les cavernes des Abruzzes ou des Apennins. Or, si notre jeune étranger n'est pas un voleur, que doit-il être dans tes suppositions?

— Alors j'amènerai Votre Seigneurie sur un point plus délicat. Je la prie de m'excuser si je vais trop loin.

— Amène-moi, Vincenzo, je te suivrai sur tous les terrains. Ne me ménage pas; j'ai besoin avant tout de voir clair.

— Votre Seigneurie conduit tous les dimanches mademoiselle Fiorina au village de Ronciglione, pour entendre la messe et puis revient avec elle au château.

— Oui, Vincenzo, et dans les grands jours de l'été, nous allons quelquefois, le dimanche, en pèlerinage, à cheval, à Notre-Dame-de-Viterbe. Tu sais qu'on vient visiter cette chapelle miraculeuse de vingt lieues à la ronde.

Elle est en grande vénération, et ma sœur aime beaucoup ces pèlerinages.

— Eh bien !... que Votre Seigneurie m'excuse toujours... Ce que j'ai à lui dire est bien délicat... et peut-être ferai-je mieux de me taire et de veiller nuit et jour, seul, comme un bon et digne serviteur de votre maison que je suis.

— Non, non, Vincenzo, ne te tais pas, il vaut mieux que tu parles...

— Vous ne vous fâcherez pas de la hardiesse de mes paroles.

— Non, Vincenzo, je ne me fâcherai pas, je te l'ai promis. N'hésite pas; dis-moi ce que tu penses avec la franchise d'un serviteur dévoué.

— Eh bien! puisque Votre Seigneurie l'exige....

Mais le prudent Vicenzo, malgré toutes ces précautions oratoires, restait toujours à moitié chemin du développement de ses idées. L'impatient Urbain bouillonnait. Son œil tour-à-tour encourageait le serviteur ou se courrouçait à ses réticences.

— Voyons, ne t'arrête plus ainsi; achève, que penses-tu encore?...

— Il me semble que Votre Seigneurie pourrait deviner. Puisqu'elle conduit tous les dimanches mademoiselle Fiorina à la messe, ne se pourrait-il que quelque jeune homme eût remarqué l'admirable beauté... et...

— Je t'arrête, Vincenzo.... Cette supposition est inadmissible. D'abord, à Ronciglione, il n'y a pas un seul jeune homme. C'est un village rempli de vieillards ou de pauvres laboureurs. Rien à craindre de ce côté. Ensuite, je connais toute la belle jeunesse de Viterbe; j'y compte même des amis... Frederico n'est pas un amoureux romanesque, deguisé en proscrit... Cherche encore, encore, Vincenzo. Il faut que nous trouvions, ne te décourage pas.

— Mais je ne vous ai pas dit que ce jeune homme fût de Ronciglione. Il a pu s'y trouver de passage un dimanche et voir mademoiselle Fiorina à l'église... ou bien encore, il a pu la voir à Notre-Dame-de-Viterbe.

— Mais, Vincenzo, malgré tout ce que tu pourras me dire, je ne crois pas que ce comte Frederico soit un amoureux. Il n'en a nullement les allures. C'est avec une autre intention qu'une pensée d'amour qu'il est entré sous notre toit. Il faut trouver cette intention. Cherche donc, mon bon serviteur.

— Ah! Votre Seigneurie est exigeante!... Si monsieur Frederico n'est ni un amoureux, ni un bandit, je serai fort embarrassé, maintenant, pour vous dire ce qu'il est. Je ne vois guère que ces deux suppositions à admettre. On ne devine pas aisément les intentions de ceux qui ne les disent pas.

— Ensuite, tu ne sais pas tout, Vincenzo; cette nuit nous attendons une autre visite, un nouvel embarras.

— Vraiment!

— Un ami de ce Frederico.

— *Per Bacco!* cela devient sérieux! Nous allons tenir auberge de proscrits; quand la vieille Francesca va le savoir, elle va mettre le feu à sa cuisine, pour se dispenser d'allumer les fourneaux! Deux convives de plus!

— Vincenzo, puisque nous ne pouvons rien savoir, puisque nous ne pouvons rien deviner dans nos conjectures, il faut nous attendre à tout! Tu nous es dévoué, tiens-toi prêt.

— A la bonne heure! et j'y avais songé avant Votre Seigneurie... Regardez, je ne marche plus qu'avec cet ami.

— *Bravo*! Vincenzo.

— Ce stylet est logé dans ma manche droite depuis hier au soir. J'ai toujours l'air endormi; mais je veille comme un coq... Au premier mouvement suspect, cette pointe... et la lame en est bonne, je vous jure.

— Tais-toi, Vincenzo, le voici!

C'était, en effet, le proscrit qui s'avançait avec une assurance parfaite.

Il avait repris sa sérénité joyeuse, et il entra au jardin en fredonnant le refrain : *Pia-*

nino, alla porta del giardino, qu'il n'interrompit qu'à quelques pas du jeune homme et du serviteur.

— Je vous cherchais partout, seigneur Urbain, dit-il, en tendant la main au jeune homme. J'ai un projet superbe que vous approuverez, sans doute, et nous allons en causer dans la grande galerie, si vous voulez bien.

— Allons, dit Urbain.

— Vos Seigneuries me permettront de les suivre, dit Vincenzo en mettant sa main droite en état de défense. La galerie est fort obscure, et, pour les éclairer, je vais ouvrir la grande fenêtre du balcon.

Urbain ni le comte Nola ne répondirent; mais ils suivirent le serviteur qui avait pris les devants.

XII.

Vincenzo était le type du serviteur italien. Nature ardente sous une apparence calme, il savait dompter ses désirs et ses affections, au point de n'en pas paraître ressentir. Né pour la haine ou pour la sympathie, au choix de la circonstance et toujours prêt à pousser l'un ou l'autre de ces deux sentiments à l'extrême, il n'avait jamais mis son cœur à nu. Depuis plusieurs années qu'il était attaché à la famille Vitelli, il la servait avec un zèle contenu, qui ne se prodiguait pas et attendait une occasion majeure pour éclater. Les Vitelli ne se doutaient même pas de ce dévouement domestique, et s'ils avaient pour Vincenzo des égards qui avaient touché le serviteur, c'est qu'il était dans leur nature de bien traiter tout ce qui les approchait.

En précédant les jeunes gens, Vincenzo se parlait ainsi à lui-même :

— Il se passe quelque chose d'extraordinaire dans cette maison. Le seigneur Urbain a la même pensée que moi. Donc, ma pensée est bonne. Il faut donc veiller nuit et jour. Et pour veiller, il faut être sans cesse sur les pas de mon jeune maître et du nouveau venu. Voici l'heure de montrer au seigneur Vitelli qu'il n'a pas appelé à lui un serviteur ingrat.

Tout en faisant ce monologue, Vincenzo était arrivé à l'appartement qu'avait désiré voir le comte Frederico Nola, et, allant et venant, il épiait tous les mouvements du proscrit sous prétexte de donner du jour et de l'air à la grande galerie du château.

Au reste, si le jeune Vitelli ne paraissait pas se douter de ce zèle inaccoutumé de Vincenzo, il n'en était pas ainsi du comte lombard. Un seul coup d'œil lui avait suffi pour deviner ce qui se passait dans l'âme du serviteur et le sens de la conversation qu'il avait interrompue dans le jardin. Aussi vit-il qu'il lui fallait porter un coup décisif pour amener à lui le fils, comme il avait déjà amené le reste de la famille. Il redoubla de grâce et de charme, et jamais sa parole n'avait eu d'inflexions plus mélodieuses, jamais ses manières autant de séduction.

La grande galerie du château Vitelli avait été peinte à fresque par Solimène et *Lucca fa-presto*. C'était une de ces peintures gigantesque familières à l'Italie. Sur quatre pans de mur, tableaux à proportions immenses, on voyait autrefois le vieux Silène lutiné par les nymphes, pendant qu'il se livre à l'éducation du jeune Bacchus ; Pan donnant des leçons de flûte aux pâtres arcadiens, pendant que les satyres, les faunes, les sylvains et toutes les divinités des bois dansent sous les ombrages ;

Aristée, reçu dans la grotte des Néréïdes et le mariage de Vénus et de Vulcain.

Malheureusement pour ces quatre fresques et pour le manoir des Vitelli, les lansquenets de Franisberg firent une halte dans cette galerie, en 1527 et, selon les usages des soldats en campagne de tous les temps, ils charmèrent les ennuis de leur veille en mutilant les images de ces mythologiques divinités. Au reste ils étaient en veine. Ils venaient de violer et de piller Rome de toutes les façons, et leur œuvre sacrilége sur les bords du lac de Vico ne fut qu'un léger passe-temps. Ordinairement on met toutes les destructions sur le compte du temps; les historiens et les voyageurs sont toujours prêts à accabler le vieillard de leurs malédictions. La faux du temps, fabuleux attribut, sert d'excuse éternelle aux ravages et aux ravageurs. Hélas! ce pauvre temps n'est pas si coupable; car il a toujours trouvé dans l'homme un terrible auxiliaire qui s'est fait volontiers son collaborateur. Combien de saintes et nobles pierres seraient encore debout sans cette abominable union!

Le proscrit, que nous appellerons désormais Frederico, prit familièrement le bras d'Urbain, ce qui agita d'une manière compromettante la manche de Vincenzo attentif, et de sa voix la plus séduisante :

— Seigneur Urbino, lui dit-il, il n'y a qu'un instant je causais arts et littérature avec votre père, le comte Vitelli, et il m'a annoncé une bonne nouvelle, la plus heureuse qu'il pût m'annoncer dans mon infortune... Vous êtes peintre.

— Je suis élève en peinture ; je m'efforce d'étudier, voilà tout, dit Urbain.

— Eh mon Dieu ! qui pourrait être maître parmi nous, répondit Frederico ; nous sommes tous élèves aujourd'hui comme autrefois. N'oublions jamais ce que faisaient nos pères. Il y a d'éminents peintres parmi eux, c'est incontestable : Eh bien ! les plus grands maîtres, les rois reconnus de la palette et du pinceau signaient modestement leurs toiles à l'imparfait, *pingebat*. Il n'y a réellement qu'un véritable maître, c'est la nature ; et comme elle a le tort de ne pas ouvrir son atelier, nous sommes obligés de nous pourvoir ailleurs.

— Vous avez raison, comte Frederico, dit Urbain ; la nature ne nous a pas montré ses secrets de composition ; et alors il nous a bien fallu prendre autour de nous et dans nous ce qui était le plus capable de séduire notre imagination et notre intelligence.

— Au reste, seigneur Urbain, peu importe ce que nous disons ici. Les théories ont toujours le tort d'embrouiller les questions les plus claires. Je connais votre talent, cela me suffit. Le comte Vitelli m'a montré votre fresque de *Ruth et Booz*, et j'en ai été ravi. Il y a une perfection de dessin et un dédain de coloris qui annoncent le véritable artiste. Vous avez voulu parler à l'intelligence et au cœur, sans vous adresser aux sens, et vous avez réussi. Votre travail est le triomphe de l'esprit sur la force. Vous êtes élève de Cornélius?

— Non, monsieur: d'Owerbeck.

— C'est synonyme, seigneur Urbino. C'est le même peintre qui a pris deux noms et deux corps pour travailler davantage...

— Vous ne dites pas tout, comte Frederico. Cornélius et Owerbeck, guidés par la même foi, ont cherché à nous ramener à ces époques naïves où l'art ne servait qu'à exciter la piété des fidèles, à rendre plus fervente la prière qu'ils adressent au ciel.

— Au reste, interrompit le proscrit, passons outre et venons au fait. Décidément, je reste dans votre maison ; les instances de votre famille ont vaincu mes scrupules. J'attendrai dans le manoir des Vitelli les lettres de Milan. Il faut donc que j'occupe mes loisirs de proscrit à quelqu'œuvre utile et agréable en même temps. Le comte Vitelli m'a parlé de cette galerie, en paraissant regretter que les lansquenets de Franisberg l'eussent ainsi dégradée. J'ai écouté le comte Vitelli avec le respect qui lui est dû, et tout de suite mon plan d'exil a été arrêté.

— Et c'est ce plan que vous voulez me communiquer? Parlez, comte, je vous écoute.

— Vous savez ce que le peintre Marini a fait à Pise?

— J'avoue mon ignorance, comte Frederico. Le peintre Marini m'est inconnu.

— Il a restauré à la voûte du dôme les fresques de Memmo Gaddi.

— Ah! le peintre Marini a fait cela! a-t-il au moins respecté la pensée de Gaddi?

— Parfaitement respecté, seigneur Urbino. C'est du vieux passé au neuf avec un bonheur de pinceau inouï. Sachant cela, voici ce que j'ai à vous proposer : si vous le voulez, nous ferons ici ce que le peintre Marini a fait à Pise; nous allons nous associer, et, en quelques jours, nous aurons restauré les fresques de cette galerie, moi, pour tuer le temps, vous, pour l'employer. Nos loisirs auront ainsi une occupation, et nous ferons une œuvre digne de gentilshommes et d'artistes.

— Monsieur, dit Urbain, il m'est impossible d'accepter une semblable proposition. Il y a longtemps que je vois ces fresques dans leur délabrement, puisque je suis né dans cette maison : mais jamais mon pinceau n'a songé à les toucher.

— Ah! je comprends, dit Frederico en riant faux, vous êtes élève de Cornélius et vous dites comme Horace : arrière la chose profane! *profanum arceo* ! Eh bien ! faisons mieux encore: ce travail me tente, et il faut que je l'accomplisse. Arrangeons-nous.

— Que voulez-vous dire? et quel arrangement avez-vous à me proposer?

— Comme ce travail serait fort long pour une seule main, vous restaurerez les draperies, pendant que je me chargerai des corps. Il est vrai que les draperies sont fort accessoires dans les peintures mythologiques; vous travaillerez moins, voilà tout. Ce sera d'ailleurs un travail anonyme, et Cornélius, votre maître, ne le saura pas.

— Mais je le saurai, moi.

— Oh! c'est incontestable...

— Et bien suffisant, il me semble, pour motiver un refus.

— Allons, seigneur Urbino, puisque vous prenez la chose si sérieusement, pendant que je croyais vous demander une chose fort simple, je travaillerai seul...

— Faites comme il vous plaira, vous êtes entièrement libre.

— Il faut bien que je paie mon loyer en monnaie de peintre, continua Frederico sans paraître remarquer ce qu'avait dit le jeune Vitelli; j'ai promis au comte Vitelli, et je vais me mettre à l'œuvre avec toute l'ardeur de mes vingt-cinq ans. Je veux avoir promptement achevé. D'ailleurs l'oisiveté est la mère de l'ennui: travaillons, pour ne pas connaître son triste enfant.

Ces paroles dites, Frederico quitta le bras d'Urbain qu'il n'avait pas lâché depuis le commencement de cette conversation, et se mit à construire un échafaudage improvisé, avec un zèle qui était le comble du raffinement, s'il était simulé. On aurait dit que toutes les pensées de ce jeune homme se concentraient sur la restauration du *mariage de Vulcain et de Vénus*, et que son pain du jour dépendait de ce travail de fresque. Bientôt tout fut prêt, et Frederico sur son échafaudage put examiner à loisir les dégâts des lansquenets de Franisberg.

Urbain s'était éloigné lentement, laissant le proscrit milanais tout entier à ses préparatifs. A l'autre extrémité de la galerie, il causait tout bas avec Vincenzo.

— Tu as entendu tout ce que nous avons dit, Vincenzo?

— Tout, répondit le serviteur.

— Eh bien! parle-moi franchement, que penses-tu maintenant de ce jeune homme?

— Je ne pense plus rien du tout... voilà mon opinion.

— Allons donc, Vincenzo, je crois que tu

plaisantes; ceci n'est pas une plaisanterie.

— Je suis de votre avis, mon jeune maître. Mais tenez... regardez-le du coin de l'œil sans paraître faire attention à lui... comme il bouleverse nos vieux meubles!.. Comme il a bien l'air d'être à ce qu'il fait!.. Décidément nous nous trompions ce matin dans nos suppositions, ce n'est ni un bandit, ni un amoureux, voilà qui pour moi est bien sûr, mais qu'est-il alors?

— Vincenzo, dit Urbain d'un ton pénétré, réfléchis bien à tes paroles.

— Et je ne fais que ça... Plus je le regarde, plus je suis sûr de ne pas me tromper.

— Mon vieux serviteur, tu as vingt ans de plus que moi, et tu as beaucoup d'expérience acquise et de pénétration naturelle. Tu es fin, quand tu le veux, et tu sais découvrir un danger où il se trouve réellement. Tu ne saurais croire la peine que tu me fais avec les paroles que tu viens de me dire. Si ce Frederico était véritablement un malheureux proscrit, je ne me consolerais jamais de mon injuste et calomnieuse méfiance envers lui, qui ne m'a pas quitté un instant depuis qu'il est sous notre toit.. Je ne m'en consolerais jamais, Vincenzo.

— Ah ! mon Dieu ! votre seigneurie va maintenant trop loin. Elle n'a rien fait qui ne soit parfaitement permis ; je crois même que ce qu'elle a fait était de la prudence la plus commune. Mais elle est exposée, comme un autre, à hasarder un jugement téméraire. L'homme n'est pas infaillible, il n'est pas parfait, et il est permis et même juste de se tenir sur ses gardes dans le pays et le temps où nous vivons.

— N'importe, Vincenzo, tout ce que tu pourrais me dire ne corrigerait pas mes torts.

Ainsi serviteurs et maîtres étaient gagnés tour à tour par l'habile proscrit.

Ce retour à de meilleurs sentiments détermina Urbain à se rapprocher de Frederico qui de l'œil cherchait les moindres lignes laissées intactes par les ravageurs à la peinture primitive. Il renoua même l'entretien sur un ton fort amical, et mit à la disposition du jeune proscrit tout son attirail de peinture. Frederico attendait ce retour, aussi s'était-il préparé à l'événement. Il accepta l'offre d'Urbain avec une joie vive, mais exempte d'exagération. Il n'avait cependant encore gagné que la moitié de la partie, et il sentait que le moindre effort de sa part suffirait pour compléter son triomphe. Aussi il alla au-devant des désirs d'Urbain, et le mit sur la voie pour venir entièrement à lui. Urbain ne demandait pas mieux, seulement il hésitait à proposer ce qu'il avait refusé naguère, quand on le lui offrait. Frederico vit son embarras, et sut l'amener par des détours habiles sur le terrain que le jeune Vitelli voulait aborder.

— Seigneur Frederico, dit Urbain après quelques instants de nouvel entretien, j'ai fait une réflexion après notre conversation de tout-à-l'heure. Le travail que vous venez d'entreprendre sera long, trop long peut-être, et je consens à vous aider.

— Ah! voilà qui est raisonnable! s'écria Frederico du haut de son échafaudage. Votre maître Cornélius est à trente-quatre milles du lac de Vico, et ne sort jamais de son atelier que pour aller dans les vieilles églises de Rome, à ce qu'on m'a dit du moins. Il ne risque donc pas de vous surprendre en flagrant délit de mythologie.

— Oh ! Cornélius et Owerbeck, mon maître, ne sont pour rien dans ce que nous faisons. Laissons-les donc où ils sont, dit Urbain en prenant un pinceau et essayant des couleurs sur sa palette. D'ailleurs c'est chose convenue, nous ne peignons pas, nous restaurons.

— C'est juste ! dit Frederico en riant et tendant la main à Urbain pour l'aider à monter jusqu'à lui. Je n'aurais pas inventé cette distinction subtile. Nous restaurons.

Et les deux jeunes gens, comme si le temps de ces conversations frivoles eût été un temps perdu, travaillèrent de concert sur leurs échafaudages avec une égale ardeur jusqu'à l'heure du repas du soir. Les heures s'écoulèrent rapidement dans ce travail obstiné. Plusieurs fois, dans ce long intervalle, le comte et la comtesse Vitelli vinrent inspecter les travaux des deux artistes dans la galerie. Ils cherchèrent même par quelques légers propos à détourner une attention trop soutenue. Mais Frederico, emporté par la furie de l'art, et tout entier à la reconstruction d'une Vénus qui n'avait plus qu'une tête informe et des membres en lambeaux, ne daigna pas jeter un regard à ses nobles visiteurs. L'art lui faisait oublier la politesse.

Il ne quitta la palette qu'à l'heure du repas, et arriva même le dernier à la table de famille.

Il reçut les félicitations du comte Vitelli qui lui dit :

— Seigneur Frederico, si vous travaillez ainsi quelques jours encore, je ne tarderai pas d'être votre débiteur. Quel élan ! vous n'entendez même pas ce qui se passe près de vous.

— Je serai votre débiteur éternellement, comte Vitelli, répondit Frederico ; il y a des services qu'on n'acquitte pas comme des lettres de change. Je sais que pour beaucoup de gens, la reconnaissance est le plus lourd de tous les fardeaux ; c'est pourquoi ils se font ingrats ; mais je porterai la mienne légèrement jusqu'à la mort.

Il s'inclina gracieusement après ces paroles, et but un verre de Monte-Fiascone en saluant comme un digne gentilhomme la famille Vitelli.

— Mais, comte Vitelli, ne m'avez-vous pas dit qu'il s'était passé quelque chose près de moi ?

— Vous n'avez pas mal entendu, comte Frederico. Vous étiez tellement absorbé par le travail aujourd'hui, que plusieurs fois j'ai ouvert la porte de votre atelier, et me suis promené autour de votre échafaudage. La comtesse a fait comme moi. Mais jamais nous n'avons pu parvenir à vous faire détourner tête. La fresque était tout pour vous.

— C'est ainsi, comte Vitelli, et vous m'excuserez, je l'espère, en faveur du motif. Le travail me prend toujours ainsi, la peinture surtout. Avec elle j'oublie le monde.

— Aussi, comte Frederico, êtes-vous de première force. En vous voyant, j'ai cru voir l'illustre Piètre de Cortone qui peignit la grande fresque du palais Barberini en dix jours. Il est vrai que le temps pressait; mais le travail n'en fut pas moins beau.

— Puissé-je faire comme lui alors et restaurer votre galerie dignement!!

XIII.

Le comte Vitelli, qui s'enthousiasmait de plus en plus pour le proscrit, était vaguement tourmenté par une idée qui était une sorte de reproche intérieurement adressé à Frederico. Tout le séduisait dans ce jeune homme; mais l'heureux père de la céleste Fiorina était obligé de se confesser à lui-même que l'étranger n'avait qu'un seul défaut, fort grave, il est vrai, aux yeux d'un père : c'était sa profonde indifférence envers la jeune fille. On eût dit que pour lui, à la table de famille, Fiorina n'existait pas.

Le comte Vitelli était donc dans la position d'un auteur qui voit dédaigner son œuvre la plus belle par le plus cher de ses amis. Les pères, qui ont le bonheur d'avoir de charmantes jeunes filles, aiment à les entendre louer ; ils détournent toujours, au profit de leur amour-propre bien naturel, un peu de cet encens que la galanterie fait fumer devant elles. Vitelli était loin de faire exception à cette règle générale ; jamais père ne fut plus fier de la beauté de sa fille, et, avouons-le, puisque c'est la vérité, jamais peut-être il n'y avait eu de fierté plus juste et plus légitime. Mais qu'importait au proscrit?.. Le comte Frederico ne donnait à Vitelli aucune de ces satisfactions que celui-ci eût savourées avec tant de bonheur : jamais une parole, jamais une allusion délicate. Seulement, et alors c'était bien perdu pour le comte Vitelli, lorsque par un accident de conversation, tous les yeux se détachaient du visage de Frederico, un regard, lumineux et rapide comme l'éclair, tombait sur le front adorable de Fiorina, et personne ne pouvait saisir au vol cette irradiation qui portait avec elle la muette éloquence du cœur.

Cependant le repas touchait à sa fin, et la gaîté semblait disparue. Les conversations avaient tari, et l'on eût dit que chacun des convives n'écoutait que ses propres pensées.

— Quelle nouvelle nous apportes-tu de Ronciglione aujourd'hui ? demanda tout-à-coup le comte Vitelli à Vincenzo qui faisait le service de la table. Vous saurez, comte Frederico, que c'est par Vincenzo que nous sommes tenus au courant de tout ce qui se passe. Vincenzo est ici notre seule gazette ; c'est notre Diario. — Eh bien ! ajouta-t-il après une pause, fais ton office, voyons ; quoi de nouveau?

— Pas grand'chose aujourd'hui, répondit le serviteur, j'en suis fâché pour vos seigneuries... Ah ! pourtant, quand je dis pas grand'-chose... J'oubliais une nouvelle... peut-être bien qui pourrait vous intéresser. Vous connaissez ce ravin si profond qui est juste au milieu du village de Ronciglione ?.. Quel paysage horrible ! rien que de le voir en passant, on est effrayé. Si j'avais l'honneur de pouvoir donner un conseil au seigneur Frederico, qui est si bon peintre...

— Vincenzo, dit le comte Vitelli que tous ces retards du serviteur impatientaient, tu t'égares toujours dans des épisodes oiseux; arrive à ta nouvelle.

— J'allais y arriver... Il y avait au fond de ce ravin une foule extraordiniaire.

— Et que faisait là cette foule? ordinairement il n'y a personne.

— C'est précisément ce que je me suis demandé. Je n'y avais jamais vu avant aujourd'hui que quelques pauvres femmes qui lavent du vieux linge, quand le torrent n'est pas sec. Eh bien! voyant tout ce monde, je me suis approché. et j'ai compris ce qui l'avait attiré dans ce lieu inusité. Un paysan arrivé de Rome, ce matin, et encore tout couvert de poussière, racontait la capture du bandit Gasperone et de toute sa bande. C'était la nouvelle du jour et on pouvait dire la grande nouvelle.

A la fin de ce récit, Vincenzo et Urbino jetèrent chacun de leur côté un regard croisé au visage de Frederico, qui se débattait minutieusement avec les innombrables arêtes d'un poisson du lac de Vico.

— Ah! Gasperone est arrêté? dit le comte Vitelli. Voilà les Marais Pontins pacifiés. Il était temps!

— Cela ne les dessèchera pas, dit Frederico.

— Vous avez raison, cela ne les dessèchera pas; mais en attendant qu'on fasse cette œuvre utile, voilà les voyageurs rassurés. Gasperone était la terreur des voyageurs.

— Parce qu'ils ne savaient pas se défendre.

La poltronnerie des voyageurs fait souvent tout le danger des routes. Le bandit est un homme qui a sa vie à défendre tout comme un autre, et quand il rencontre devant lui un homme courageux qui ne sait pas capituler avec le péril, le bandit est toujours prêt à reculer.

— Et dit-on si la bande était nombreuse? demanda Vitelli en s'adressant encore une fois à son serviteur.

— Vingt-trois hommes, répondit Vincenzo.

— Vingt-trois hommes qui faisaient trembler l'Italie, dit Fréderico... En l'année 217 avant Jésus-Christ, nous avions quatre-vingt mille Gasperone carthaginois, là, vis-à-vis, à Trasimène, et nous ne tremblions pas !

Cette sortie historique et inattendue, prononcée d'un ton solennel, suspendit quelques instants la conversation sur Gasperone, ce texte inépuisable des conversations romaines pendant quinze ans.

Frederico paraissait absorbé dans le souvenir qu'il venait d'évoquer devant des Romains, ses convives.

Le comte Vitelli lui-même se taisait : il paraissait réfléchir aux paroles prononcées par le proscrit. Elles semblaient avoir ouvert une perspective nouvelle à ses idées. Dans sa retraite, le comte Vitelli avait cultivé une manie de sa jeunesse, manie fort innocente d'ailleurs. Comme un grand nombre de seigneurs romains, il tenait à passer pour savant. Il savait en effet l'antiquité : il connaissait la numismatique, la céramique et toutes les sciences qui se cultivent avec succès et sans efforts dans les villes peuplées de ruines ; mais en outre l'esprit du siècle l'avait touché ; sans jamais en parler, il se croyait un profond économiste et portait dans sa tête des plans qui pouvaient rendre à l'Italie son antique richesse et sa vieille splendeur. Le dessèchement des Marais Pontins était un de ces plans ; et sans le vouloir, sans s'en douter, le comte Frederico venait de toucher une fibre sensible au cœur de Vitelli. Le grand obstacle qui jusqu'alors l'avait arrêté étaient ces bandes sans cesse renaissantes dont les Marais Pontins et l'Italie entière étaient toujours infectés. L'obstacle levé, qui pourrait arrêter Vitelli ? Il était temps qu'il recueillît le prix de son dévouement absolu au Saint-Siége ! Venant de lui, les plans ne pourraient paraître suspects. Nul doute que les cardinaux gouverneurs ne lui fissent un favorable accueil.

Pendant que le comte Vitelli se berçait ainsi dans ses chimères, son fils ne se laissait pas non plus dominer par le grand souvenir historique qu'avait évoqué le proscrit.

— Avez-vous été arrêté, de Rome à Naples, comte Frederico ? — demanda négligemment Urbain, qui, malgré lui, revenait par intermittences à ses premières idées.

— Moi ! seigneur Urbino ? — dit Frederico avec un sourire inventé, — non... et probablement je ne le serai jamais, du moins par des bandits.

— Pourquoi ? demanda Urbain en souriant.

— Parce que le métier de bandit est perdu entre Rome et Naples. C'est une affaire faite ; Gasperone aura été le dernier.

— Ah ! vous croyez cela ? observa Urbain.

— Si je le crois? dit Frederico en riant; que voulez-vous que fassent maintenant ces pauvres bandits à notre époque? En 1815, les voyageurs anglais débarquèrent en masse à Naples et à Civita-Vechia, et comme ils s'étaient ennuyés pendant toutes les guerres de l'Empire, ils voulurent tous se donner le bonheur d'une arrestation, du côté de Terracine. Chaque jour les journaux et les revues d'Angleterre mentionnaient quelques aventures nocturnes de ce genre, et citaient des noms de lords et de ladies arrêtés par des bandits pittoresques, avec des chapeaux emplumés. On aurait donc rougi de rentrer à Londres sans avoir vu face de bandit. Les brigands, qui sont rusés, se contentaient de piller les guinées, mais ils n'assassinaient point. C'était un encouragement délicat. Cet ordre de choses a duré treize ou quatorze ans ; puis la mode a changé. Les Anglais se sont mis à voyager pendant le jour, et des escadres de paquebots à vapeur, courant de Rome à Civita-Vecchia, ont achevé de ruiner les bandits. Le brigandage a fait faillite ; et c'est un malheur pour nous peintres, car il faut convenir que, comme ornements de paysages, les bandits posaient très-bien.

— C'est charmant ! comte Frederico, dit Vitelli ; et votre paradoxe a pris des airs de vérité.

— C'est l'habitude des paradoxes, dit Frederico...

— Quand ils sont formulés et développés par vous, comte, ajouta Vitelli... mais vous avez tout-à-l'heure prononcé un mot qui demanderait explications.

— Lequel, seigneur comte ? Heureux serai-je, si mon explication vous satisfait !

— Vous nous avez parlé des Marais Pontins qui ne sont pas desséchés, malgré bien des tentatives. Croyez-vous que la chose soit possible et mérite des études et des dépenses ?

— Ah ! comte Viteili, je vous avouerai que vous avez pris trop au sérieux une parole un peu légère ; vous me saisissez au dépourvu sur une question qui demande que tous les termes soient mesurés et précis. Si vous le désirez, je me préparerai à vous répondre, et quand je serai prêt, je vous avertirai, et nous causerons de ce grave sujet.

— Comte Frederico, ce sera avec le plus grand plaisir ; je retiens votre parole.

— Retenez, seigneur comte, dit le proscrit, elle sera, je vous le promets, fidèlement tenue.

Maintenant, — ajouta-t-il en se levant, — allons travailler à la restauration de ma fresque jusqu'à la nuit tout-à-fait tombée.

— Quel travailleur ! s'écria le comte Vitelli ; comment vous ne prenez pas un quart d'heure de récréation après dîner, comte Frederico ? A peine le repas fini, vous songez au travail ?

— Comte Vitelli, dit le proscrit, il faut que je profite de tout mon temps ; si ma grâce m'arrive un de ces jours dans une lettre de Milan, j'abandonne sur le champ l'atelier, et je cours embrasser ma famille...

— C'est bien naturel, observa la comtesse Vitelli d'une voix émue, et le comte Nola a raison de nous quitter ainsi.

Frederico salua ses convives, et courut reprendre son pinceau, devant la fresque du Mariage de Vénus et de Vulcain. Il travailla avec une ardeur nouvelle, et, quoique non observé cette fois, il avança tellement la besogne, que tous les yeux pouvaient aisément juger que son absence ne dissimulait pas un fallacieux prétexte. Le pinceau courait sous ses doigts agiles, prodiguant la couleur sur les pans de mur stupidement dévastés par les lansquenets de 1527. La gracieuse image de Vénus reparaissait déjà dans sa beauté première ; Solimène n'eût pas désavoué son collaborateur qui allait attaquer le Vulcain.

Dans la salle du repas, les conversations avaient cessé après le départ de Frederico.

— C'est singulier, dit le comte Vitelli, je ne le connais que d'hier, ce jeune homme, et je sens que je le verrais partir avec peine. On s'attache à lui involontairement.

Les deux dames ne répondirent pas ; elles

quittèrent la salle, pour voir le coucher du soleil sur le lac de Vico.

Urbain n'avait pris aucune part aux dernières paroles échangées entre son père et le proscrit. Il restait plongé dans ses réflexions, et, il faut le dire, la dernière expérience tentée à ce repas même, achevait de dérouter toutes ses antipathies. Quand il se trouva seul avec Vincenzo, il lui fit signe d'approcher jusqu'à lui, et lui glissa timidement à l'oreille ces mots :

— Ce jeune homme est une énigme vivante en voyage ; je le comprends moins que jamais ; et toi ?

— Et moi aussi, répondit le serviteur en hochant la tête.

— N'importe, Vincenzo, si notre intelligence est en défaut, que notre prudence du moins veille toujours. N'oublie pas que ce soir il va nous tomber ici peut-être une seconde énigme.

— Je ne l'ai pas oublié, seigneur Urbain; et à vous parler franchement, je ne suis pas fâché maintenant que le seigneur Frederico ait accepté d'amener son ami dans notre maison.

— Que dis-tu là, Vincenzo? C'est toi maintenant qui deviens incompréhensible.

— Ce que je dis est pourtant fort clair, n'en déplaise à votre seigneurie. Si je suis satisfait de cette seconde énigme qui nous arrive, c'est que la seconde nous aidera probablement à deviner la première.

— Ah! voilà que tu deviens clair! mais je ne partage pas ta confiance. Donc, veillons toujours.

Pendant qu'Urbain et Vincenzo s'entretenaient de la sorte dans la salle à manger, le comte Vitelli avait rejoint la comtesse et sa fille Fiorina. Il mit bientôt l'entretien sur la nouvelle apportée par Vincenzo.

— C'est une singulière vie que celle de ce bandit Antonio Gasperone, disait le comte Vitelli. On m'a raconté de lui, à Rome, mille traits qui montrent que ce n'est pas un brigand ordinaire et indigne de pitié.

La comtesse Vitelli garda le silence après ce préambule de son mari; mais ce silence était loin de signifier qu'elle était prête à donner une oreille attentive aux histoires que le comte, son époux, désirait raconter.

Frederico travailla jusqu'au lever de la première étoile; mais la nuit n'était pas encore assez obscure pour permettre une excursion dans les montagnes voisines. On avait fermé, selon l'usage, la porte du château, et Vincenzo avait reçu l'ordre de l'ouvrir, lorsque Frederico le jugerait convenable. En attendant ce moment, Vitelli et Frederico avaient entamé une conversation sérieuse sur la décadence de l'art en Italie ; c'est une mode établie dans tous les pays depuis l'invention de l'art. Elle se termina ainsi, cette fois, avec des phrases pleines de sens :

— Au reste, si je soutiens que l'art est en décadence, dit le comte Vitelli, c'est que j'entends répéter ce cri de détresse autour de moi, dans ma société romaine. Quant à moi, je n'ai jamais, pour mon propre compte, approfondi cette question ; ainsi excusez-moi si je commets quelque hérésie.

— Comte Vitelli, disait Frederico, quand

Michel-Ange peignait la chapelle Sixtine, quand Raphaël peignait la *Transfiguration* et autres chefs-d'œuvre, il n'y avait qu'un seul cri en Italie : *L'art est perdu*! On regrettait l'époque de Perugin et de Ghirlandaïo, si même l'on ne remontait pas plus haut jusqu'aux premiers commencements de l'art. On allait même jusqu'à comparer les sujets : comme si la plupart de nos premiers peintres n'avaient pas tous pris les sujets de leurs peintures dans la Sainte-Ecriture! Les livres saints ne pouvant se refaire ou s'allonger, il fallait donc, ou renoncer à peindre, ou reprendre les mêmes sujets. C'est ainsi que Michel-Ange reprend le *Jugement dernier* après Orgagna de Pise, qui lui-même avait emprunté ce sujet à bien d'autres ; Raphaël la *Transfiguration* après Giotto, malgré la gloire toujours croissante du pâtre florentin au milieu de cette nombreuse et brillante école formée par ses soins et sous ses yeux. Qu'ajouter après ces grands exemples? Oui, comte Vitelli, l'art est en décadence, l'art est perdu de nos jours, comme autrefois, pour les imbéciles et les impuissants. Ce sera toujours ainsi.

— Comte Frederico, dit Vitelli, vous êtes un jeune homme digne de toute mon amitié, il faut que je l'avoue bien haut. Cette journée vous a grandi dans mon estime au-delà de toute expression... Vous voilà sur le point d'aller courir de nouveaux dangers cette nuit, et pourtant vous avez consacré à un noble travail la journée qui précède votre expédition aventureuse! et maintenant, au moment même où le péril arrive, avec toutes les embûches de la nuit, vous vous entretenez des choses les plus étrangères à cette grave situation avec un admirable sang-froid. Comte Frederico, je vous aime et vous admire.

— Comte Vitelli, vous êtes trop généreux, dit Frederico, et il faut faire bien peu pour gagner votre noble estime ; j'espère la mériter un jour... Cela me rappelle pourtant au plus impérieux de mes devoirs... Adieu, comte Vitelli, et espérons que je dis avec vérité : A bientôt.

— Je veille pour vous attendre, dit le comte.

Ils se serrèrent les mains ; Vincenzo ouvrit la porte devant Pluto. Frederico caressa le chien quelque temps pour se faire reconnaître, quand il rentrerait au château des Vitelli avec un inconnu, précaution nécessaire avec ces chiens de garde italiens, aussi attachés à leurs maîtres et à leur maison que les plus fidèles serviteurs. Puis il partit, en s'élançant vers les rives du lac, au milieu des ténèbres épaisses, d'un pas habitué aux nocturnes expéditions. Un instant après, tout était rentré dans le silence et l'obscurité.

Urbain, malgré lui et comme poussé par un Dieu supérieur, resté sombre et préoccupé depuis le repas, n'avait point assisté au départ du proscrit pour son aventureuse excursion. Quoique cette étrange conduite de son fils eût lieu de l'étonner, sans chercher à en approfondir les causes, le comte Vitelli vint rejoindre sa femme et sa fille qui, profitant de l'absence de Frederico, étaient occupées à examiner, aux flambeaux, le travail du jour à la fresque de Solimène.

— Vraiment, disait la comtesse, ce jeune

homme a un talent merveilleux : il est né pour peindre la fresque.

— Il est né bien mal à propos, remarquait le comte. Il n'y a plus de fresques à peindre aujourd'hui. La fresque demande de grandes constructions, et l'âge heureux des grandes constructions est passé.

— Voyez donc, disait la comtesse, avec quel soin minutieux tous les plus petits détails sont traités!... Il fait de la miniature en grand, si je puis m'exprimer ainsi... Il y a un fini d'exécution qu'on ne rencontre plus nulle part... Toutes ces fleurs sont exquises... Ce comte Frederico ne restaure pas, il peint...

— C'est charmant, osait hasarder Fiorina, en s'appuyant sur sa mère.

— Comte Vitelli, disait encore la comtesse, avez-vous remarqué ses mains?

— Oui, mon amie... il a de véritables mains d'artiste... elles annoncent une adresse infinie. On devine le grand peintre, en voyant ses mains... Voyons, mesdames, que comptez-vous faire? il est déjà fort tard ; et je ne crois pas qu'il soit très-convenable d'attendre ici en famille l'arrivée d'un nouvel étranger... j'attendrai seul.

— Comte Vitelli, dit la comtesse en souriant, nous nous intéressons tous à la situation, et nous n'avons nulle envie de dormir jusqu'à ce que tout cela soit éclairci. Seulement nous nous garderons bien de paraître; nous respirerons la fraîcheur de la nuit, au balcon de notre appartement, du côté du lac ; et, quand nos étrangers arriveront, vous descendrez seul pour les recevoir.

— Ce plan est raisonnable, dit Vitelli ; alors,

mesdames, montons, puisqu'il est accepté sans opposition.

Du balcon, qui servait de belvédère au château, on découvrait un immense horizon ; mais la nuit ne montrait, qu'à travers un crêpe confus et trompeur, le paysage qui servait de cadre au lac de Vico. Les petites vagues phosphorescentes qui se brisaient presque au pied du manoir, donnaient une clarté livide au premier plan de ce tableau ; mais au-delà, on ne distinguait que des objets informes et ténébreux voilés par la nuit et les vapeurs du lac.

Après quatre heures d'attente fiévreuse, les murs du château, silencieux comme des pierres de tombe, rendirent un écho faible aux rives du lac. Des ombres mobiles se détachèrent sur l'immobilité des masses ténébreuses ;

et les petits cailloux des grèves, grinçant sur le sentier battu, trahirent des pas humains.

En même temps, des silhouettes presque dessinées se montrèrent sur le fond sombre, et les habitants du château ne doutèrent plus que cette expédition ne touchât à sa fin. Le cœur battait violemment dans les poitrines de la famille Vitelli; mais personne au balcon n'osait prononcer une parole.

— Ce sont eux! dit enfin le comte à voix basse: eux seuls peuvent se trouver là à cette heure; et il descendit dans les salles basses pour serrer les mains de Frederico, et le féliciter de son heureux retour.

Vincenzo était à son poste de serviteur fidèle. Au premier signe du comte il fut prêt.

La porte s'ouvrit bientôt, et trois hommes,

aû lieu des deux attendus, entrèrent dans le vestibule.

Urbain, cette fois, se tenait à côté du comte Vitelli. Lui aussi avait veillé, de son côté, mais avec d'autres sentiments que ceux du reste de la famille. De temps en temps, il avait quitté son appartement pour venir interroger Vincenzo ; mais le serviteur fidèle ayant toujours fait la même réponse à ses observations, il était resté dans ses perplexités. Alors, prenant une résolution suprême, il était descendu une dernière fois.

— Vincenzo, avait-il dit à son serviteur, écoute ; je ne sais ce qui, dans quelques heures, peut arriver dans ce château, mais à tout événement, il faut être prêt. Regarde !...

Et il montrait à son serviteur un long poignard caché sous les plis de son vêtement.

C'est ainsi que secrètement armés, son fils et son serviteur se trouvaient aux côtés du comte Vitelli.

Les nouveaux venus ne justifiaient en rien tant de précautions. Guidés par Frederico, ils s'approchèrent du comte Vitelli, le saluèrent respectueusement et murmurèrent quelques phrases d'introduction.

Maître de la situation, Frederico dit en serrant la main offerte par Vitelli :

— Comte Vitelli, je ne croyais trouver au rendez-vous qu'un ami malheureux, j'ai trouvé deux proscrits à sauver; que fallait-il faire ?...

— Ce que vous avez fait, répondit le comte.

Urbain regardait les deux nouveaux personnages, à la clarté de la lampe du vestibule :

ils avaient, l'un et l'autre, des figures où se peignaient l'intelligence, le courage et la vivacité.

Frederico ne voulut pas que ce surcroît d'étrangers donnât un surcroît de travail à la domesticité du château, surtout à une heure aussi avancée de la nuit.

— Comte Vitelli, je n'ai déjà que trop abusé de votre complaisance et de votre généreuse hospitalité ; ne m'obligez pas à refuser impérieusement ce qu'il serait indiscret de ma part d'accepter. La chambre du bastion de Michel-Ange est vaste, elle peut facilement loger trois honnêtes vagabonds des Apennins. Il y a longtemps qu'ils n'en ont eu de semblable.

Ainsi parla Frederico, et le comte Vitelli fut obligé de subir sa volonté, sans se douter que cette délicatesse cachait le désir de ne pas se séparer dans une maison où Frederico n'était entré que de la veille. Urbain, lui-même, fut mis en défaut cette fois par la grâce charmante et la parole exquise du proscrit. Il retomba dans ses incertitudes.

Sur l'ordre du comte Vitelli, Vincenzo prit une lampe, et conduisit les trois amis à ce bastion historique de Michel-Ange, momentanément changé en auberge.

XIV.

Bientôt tout rentra dans le silence au manoir de Vitelli. Les lumières s'éteignirent une à une à toutes les croisées. Une seule veilla longtemps; c'était celle de la chambre du bastion de Michel-Ange. Mais si quelque habitant du château eût pu la remarquer, la présence de cette lumière se fût expliquée naturellement par le besoin qu'avaient les trois amis de s'entretenir après une séparation périlleuse. Mais personne au manoir de Vitelli ne fit attention à cette circonstance.

Cependant, dans l'intérêt de ses maîtres, le serviteur Vincenzo crut pouvoir faire une action fort blâmable en elle-même, mais que la circonstance semblait excuser.

Lorsque les trois étrangers furent entrés dans la chambre du bastion de Michel-Ange, Vincenzo vint, dans les ténèbres et sur la pointe des pieds, prêter l'oreille aux indiscrétions que la vieille porte pouvait transmettre au dehors. Vincenzo, sans le dire, conservait toutes ses appréhensions.

Cet innocent espionnage lui réussit; il entendit la conversation des trois amis, comme s'il y eût assisté.

— Nous sommes ici, — disait Frederico avec l'accent de l'enthousiasme, — chez le plus noble et le plus généreux seigneur de toute l'Italie, et nous sommes en sûreté. Pour nous, c'est le principal.

— Il est affreux, disait une voix, de nous dérober ainsi, comme de vils criminels, à la société des hommes; de courir de cavernes en cavernes, comme des bandits, sans trouver quelquefois une pierre pour reposer notre tête, et sans avoir la moindre action coupable à nous reprocher! Cette situation est affreuse, il faut en sortir à tout prix.

— Mais, mon cher Valmonto, disait une autre voix, aimerais-tu mieux avoir quelque chose à te reprocher? Voilà precisément ce qui fait la beauté de notre position! Nous avons toutes les émotions du criminel, sans en avoir les remords. Bien des Anglais paieraient cher notre position.

— Mon cher Angeli, disait l'autre voix, chacun a ses goûts. Quant à moi, je suis fort aise de n'avoir pas de remords; mais je déteste les émotions, et, si je pouvais t'en céder ma part, je ne balancerais pas.

— Il se plaint toujours, ce pauvre Valmonto, disait Angeli; eh! remercie donc le ciel, ingrat! t'attendais-tu ce matin à passer une bonne nuit, dans un château, dans un bon lit, chez un riche seigneur?...

— Oh! je t'arrête à ce mot, disait Frederico; je suis déjà, moi, un vieil habitué de la maison, et je puis t'affirmer que le comte Vitelli n'est pas un riche seigneur. Certes, il mériterait bien d'être riche, car il ferait un noble usage de sa fortune; mais sa famille et lui vivent du mince revenu de cette terre et du loyer d'une petite maison *Via Ripetta* à Rome. Si je rentre un jour dans mes richesses, je veux lui acheter ce château quatre fois sa valeur, et sans qu'il le sache.

— Très-bien, très-bien! noble Frederico! disait Angeli; je reconnais bien là ta générosité.

— Maintenant, mes amis, ajoutait Frederico, il est temps de faire notre nuit; demain nous nous mettrons au travail, et nous prendrons le pinceau. Il s'agit de terminer, à nous trois, en quelques jours, la restauration de ces fresques dont je vous ai parlé. Nous ne pouvons rien faire, je crois, de plus gracieux pour reconnaître l'hospitalité de cet excellent et noble comte Vitelli.

— C'est toujours Frederico qui a raison, dit Valmonto ; toujours lui qui a les bonnes et nobles idées. Aussi, désormais, je le reconnais pour guide ; je me dispense de penser, et n'agis plus qu'à sa guise.

— Allons, puisque Valmonto l'a dit, ajouta Angeli, ne le contrarions pas, et faisons comme lui.

— Un instant, un instant, dit Frederico, ne nous laissons pas ainsi emporter par l'enthousiasme. Un peuple trop enthousiaste, a dit un grand orateur français, n'est pas digne de la liberté. Or, je veux vous laisser toute votre liberté. Promettez-moi donc purement et simplement de m'aider à restaurer les fresques de ce château.

— Eh ! que faisons-nous autre chose ? Pauvre Frederico, déjà les fumées du pouvoir lui sont montées au cerveau ; il n'a que deux sujets dans ses États, deux amis, et il prend la dictature au sérieux.

Cette phrase de Valmonto s'éteignit dans un long éclat de rire des trois amis.

On entendit encore quelques monosyllabes intermittents, puis le silence régna dans le bastion.

Vincenzo s'éloigna au comble de la joie ; il était heureux surtout de la surprise qu'il allait donner le lendemain au jeune Urbino, en lui racontant ce qu'il avait entendu. La joie de Vincenzo était si grande, qu'il n'en dormit pas de la nuit.

Après cette scène, dérobée par l'excusable curiosité du domestique aux épanchements intimes des trois amis, les meilleurs rapports devaient s'établir entre Vincenzo, Urbain et les étrangers. C'est ce qui arriva.

Le lendemain, une ère nouvelle commença pour la colonie du château. Urbain, dont la défiance aurait pu jeter du trouble dans cette sérénité domestique, se réconcilia avec Frederico, et se joignit même aux trois peintres qui, excepté aux heures de la sieste et des repas, ne descendaient jamais de leurs échafaudages, et travaillaient avec une ardeur, de plus en plus applaudie par le comte Vitelli et sa femme.

Les peintures, sous ces habiles pinceaux, revivaient avec une rapidité merveilleuse, et nous devons ajouter que Solimène et Lucca-fa-Presto ne perdaient rien à être restaurés par ces quatre jeunes hommes. Valmonto et Angeli, non-seulement secondaient Frederico, mais encore parfois le dépassaient. Chacun prenait dans ces quatre pans de murs ce qui était à sa convenance, et ainsi les quatre fresques se trouvaient marcher de front. Angeli, plein de fougue et de saillie, jetait sur le travail de tous un entrain et une animation qui ne sont connus que dans les ateliers italiens, pendant que Valmonto, caustique sous ses formes douces, égayait la réunion par des épigrammes qui relevaient sans cesse toutes les conversations.

Ainsi s'écoulèrent de nombreuses journées, et les proscrits ne parlaient plus de quitter l'asile qui leur avait été si généreusement offert. Il est vrai que leur départ eût maintenant laissé un grand vide dans ce château ; car s'il eût été permis à un voyageur de s'arrêter un jour au château Vitelli, et de s'associer aux joies tranquilles de cet intérieur de fortunés cénobites, il aurait cru que le rêve du bonheur venait de se réaliser, au bords du lac de Vico. Tout le monde était heureux de cette réunion fortuite, qui avait subitement animé cette demeure féodale, perdue dans les solitudes de l'Apennin.

Le comte Vitelli surtout ne se possédait pas de joie, et il ne faisait rien pour dissimuler son bonheur que chacun pouvait lire à toute heure sur sa noble et candide figure. Parfois néanmoins, il aspirait en secret au jour où le travail des fresques fini, Frederico et ses amis seraient rendus à la vie de société. Car il n'avait point oublié la promesse solennelle à lui faite par Frederico de creuser à fond la question économique du desséchement des Marais

Pontins, et il espérait bien le sommer un jour de la tenir. De plus, sous les épigrammes de Valmonto, il avait découvert un grand fond de science historique. Comme la plupart des seigneurs romains, Vitelli s'était occupé d'antiquité; il connaissait la langue de Virgile et de Cicéron aussi bien et peut-être mieux que celle de Dante et de Pétrarque, et il voulait un jour provoquer une controverse à ce sujet avec Valmonto, et forcer son éternel sarcasme à se faire un instant sérieux.

Mais les jours s'écoulaient et les fresques de Solimène, comme une toile de Pénélope, absorbaient tous les loisirs des artistes. Le travail semblait renaître au fur et à mesure qu'il avançait, et bien qu'on pût à tout instant juger des progrès inouïs de cette œuvre colossale, ce qui restait à faire était encore considérable.

Au milieu de cette existence si douce dans sa monotonie, il se fit tout-à-coup un brusque revirement, qui demande à être repris d'un peu plus haut, et qui fera mieux connaître les trois proscrits.

Valmonto et Angeli étaient toujours restés tels que Frederico les avait présentés au château Vitelli. Mais insensiblement, Frederico semblait perdre son premier zèle pour les travaux de la galerie, et quelques murmures tombant du haut des échafaudages annonçaient que ce relâchement dans le travail n'était pas trop du goût des deux autres amis, dont l'ardeur ne se démentait jamais. Un soir, après le dernier repas, et une heure avant le coucher du soleil, Frederico, au lieu de suivre ses amis aux fresques, sortit sur la terrasse, en donnant le bras à la comtesse et à sa fille, pour faire avec elles la promenade du soir, dans l'allée des pins et des cyprès. Frederico avait repris toute sa mélancolie des premiers jours.

Il y avait eu déjà, entre ces trois personnes, beaucoup de ces entretiens interrompus qui ne signifient rien à l'oreille des personnes indifférentes, mais qui sont une source de réflexions et de commentaires pour les intéressés, entretiens qui s'écoutent bien plus avec le cœur qu'avec l'esprit.

— Point de nouvelles encore aujourd'hui, comte Frederico? dit la comtesse Vitelli.

— Hélas! non, répondit Frederico. Vincenzo est revenu de Ronciglione les mains vides. Ma dernière lettre, à Florence, où mon intendant s'est établi, est encore sans réponse... Êtes-vous bien sûre, madame, qu'il y a un bureau de poste à Ronciglione ?

— Vous en doutez ? dit la comtesse en riant ; ce n'est pas un bureau organisé, comme celui de la place Antonine à Rome ; mais le service s'y fait pourtant avec fidélité. Nous nous en servons constamment, et jamais rien ne s'est égaré.

— Alors je ne comprends plus rien à ces retards, dit Frederico consterné.

— C'est que vous ne savez pas attendre, comte de Nola. Les heures de l'attente sont toujours longues.

— A qui le dites-vous, madame ? Il y a longtemps que toutes les heures passent ainsi pour moi.

— Au reste, comte Frederico, je comprends votre impatience; elle est si naturelle, si légitime. Habitué, comme vous l'êtes, à la vie splendide de Milan et aux soins de votre famille, vous devez bien souffrir dans cette retraite d'exil, où rien ne peut vous dédommager de ce que vous avez perdu, où rien, pas même le travail, ne peut vous distraire.

— Madame, dit Frederico, avec un accent plein de mélancolie, oui, j'éprouvais ces souffrances avant de franchir le perron de ce château, mais depuis, tout est bien changé en moi, et je ne me reconnais plus.... Il y a de la honte à l'avouer, et pourtant, il faut tout dire, je passe des jours entiers sans donner une pensée à ma mère !... à ma mère !... Je sens que mon existence est ici... Oui, ce paysage est sombre, ce lac est triste, pour le voyageur qui regarde et passe... Mais il y a de doux regards, de divins sourires qui verseraient les rayons de la joie sur les murailles mêmes de l'enfer ; et lorsque je suis assis comme ce soir, entre vous, madame, et votre adorable fille, je n'ai plus de pays, plus de parents, plus d'ambition ; je ne demande au ciel qu'une chose, c'est d'arrêter ici ma course errante, et d'être oublié par tout le monde, excepté par vous deux.

A ces dernières paroles, la voix du comte Frederico avait pris un tel accent de mélancolique tendresse, que le cœur même le plus indifférent en eût été touché. Il est vrai que tout le servait dans cette magnifique soirée, telle que l'Italie seule sait en donner sous son ciel favorisé : le paysage, l'absence des étoiles, les parfums de la nuit. Il y avait comme un charme enivrant de volupté sereine qui courait dans l'air, et l'on comprenait que l'âme se laissât aller à ses plus intimes épanchements. Il y a ainsi des heures solennelles dans la vie, où le cœur, sous l'influence de la nature qui l'entoure, ne saurait garder ses secrets et éprouve le besoin de les communiquer. Heureux ceux dont le cœur est jeune, et vit de ces douces émotions ! Heureux ceux dont l'âge n'a pas commencé la mort ; ceux qui savent conserver pure une vive flamme d'amour !

Après les paroles du proscrit, il se fit un grand silence sur la terrasse, mais ce silence était plus éloquent mille fois que tout ce qu'auraient pu dire des lèvres humaines en un semblable moment.

La comtesse et Frederico regardaient Fiorina, qui, la tête penchée, les yeux humides de larmes, arrachait, d'une main distraite, les franges rouges de son tablier.

Cette situation ne pouvait se prolonger longtemps, et la comtesse avait déjà la bouche ouverte pour parler, lorsqu'un bruit intérieur annonça qu'une nouvelle personne allait se mêler au groupe de la terrasse. Toutes les têtes étaient tournées vers la maison, lorsque le père de famille parut sur le seuil.

A l'arrivée du comte Vitelli, la conversation prit une autre tournure; mais, dès ce moment solennel, la mère de Fiorina vit un gendre futur et très-prochain dans Frederico, et cette perspective comblait de joie son cœur maternel.

— Vos deux amis, dit le comte en descendant l'escalier du perron, ne s'humaniseront jamais; ils restent à l'état sauvage. Comte

Frederico, votre caractère est bien différent du leur : vous travaillez autant que vos amis, et vous trouvez encore le temps de vous mêler à nous, pour nous distraire en commun dans notre solitude. Sans vous, comte Frederico, notre vieux château serait inhabitable.

— Que voulez-vous, comte Vitelli ? répondit Frederico, mes amis Angeli et Valmonto étaient les hommes les plus charmants de toute la jeunesse de Milan. Ils étaient l'âme de de toutes les sociétés où ils paraissaient, et ce n'étaient pas les moins gaies. Mais depuis nos derniers événements, ils ne sont plus reconnaissables. Leurs meilleurs amis s'y tromperaient. L'infortune les a aigris.

— Oh ! l'infortune est cause de bien des désastres, elle abat et métamorphose les plus forts.

— Alors, comte Vitelli, il faut être indulgent et excuser les infortunés.

— Comment donc, les excuser ! dit le comte ; je les approuve et je les admire. De pauvres proscrits n'ont pas besoin d'excuses. Le malheur légitime tout... Je leur pardonne même de grand cœur le refus qu'ils viennent de me faire. Ils avaient quitté leurs pinceaux ; je leur ai proposé une partie de whist, et ils m'ont demandé la permission de se retirer, en prétextant qu'après une longue journée de travail, ils avaient besoin de repos... C'est trop raisonnable, ai-je dit, et je leur ai serré la main.

— Vraiment, comte Vitelli, vous poussez l'indulgence jusqu'à nous confusionner.

— Allons donc, comte Frederico, ne parlons plus de cette bagatelle, c'est chose oubliée. Au reste, je ne tiens à ma partie que pour passer le temps, et je serai plus heureux un autre soir.

— Voici Urbino qui nous arrive du lac, — dit Frederico, — et si l'une de ces dames consent à prendre les cartes, nous ferons la partie de M. le comte...

— Toujours prêt à toutes les complaisances, ce cher Frederico! dit le comte; il se résigne même à faire un *whist*, à deux baïoques la fiche!

— Comment à deux baïoques! — dit Frederico en entrant au salon et marchant vers la table de jeu, — je n'ai juste que deux baïoques dans ma bourse, si je les perds, je perds ma fortune. Vous voyez que je joue gros jeu.

— Eh bien! comte Frederico, dit Vitelli en riant, j'ai un pressentiment qui me dit que vous doublerez votre fortune cette nuit, et mes pressentiments ne me trompent jamais : ainsi soyez averti.

Au milieu de ces propos, les cartes avaient été battues et distribuées. Alors il se fit un silence qui n'était interrompu que de loin en loin par les exclamations des joueurs. Le whist est un jeu silencieux.

Cette partie se prolongea jusqu'à minuit ; elle fut très-courte pour Frederico et Fiorina qui ne s'épargnèrent pas les fautes de distraction.

XV.

La chambre du bastion, où nos trois étrangers passaient leurs nuits, était contigüe à une petite galerie, appelée la salle d'armes. A cette époque, rien ne justifiait cette dénomination ; quelques vieilles épées, couvertes de rouille, et qui semblaient avoir été fourbies pour des mains de géans, aux arsenaux du moyen-âge, gisaient çà et là, sur les dalles disjointes, comme au lendemain d'un assaut; contre les murs, quelques cuirasses rongées par la rouille, et deux ou trois casques bosselés et entièrement démantelés complétaient les panoplies d'une époque disparue, et témoignaient que les aïeux du comte Vitelli n'avaient pas toujours mené la vie paisiblement patriarcale de leur descendant. Au reste, nul ordre n'avait présidé à l'arrangement de ces armes antiques, et cet entassement au hasard révélait bien mieux que tout arrangement systématique la puissance et la force des hommes qui revêtaient ces armures. On ne pouvait, dans cette salle, refuser son admiration à ces hommes de fer qui formèrent les générations terribles du moyen-âge.

Après la veillée de famille, Frederico passa dans cette salle d'armes, avant d'entrer dans la chambre du bastion. Je ne sais quelle idée le poussait à visiter à cette heure ces vieilles armures. Peut-être la tranquillité du bonheur domestique qu'il venait d'entrevoir avait-elle, comme contraste, porté sa pensée sur ces temps disparus où tout château était une forteresse, tout gentilhomme un soldat. Quoi qu'il en soit, avant de se livrer au repos, il se tint longtemps dans la salle d'armes, et la tête sur sa main médita profondément. A quoi réfléchissait-il, plongé ainsi dans la rêverie, durant les longues heures de la nuit ? Pensait-il à ses années de jeunesse écoulées follement, aux tempêtes politiques auxquelles il s'était mêlé, ou bien cherchait-il à lire dans un avenir nébuleux? C'est ce que nul ne saura jamais. Toujours est-il que, lorsqu'il se releva et prit le chemin de sa chambre de lit, son front était pâle, et son œil sombre lançait des éclairs.

Quand Frederico entra dans la première chambre, il ne vit que Valmonto endormi sur une espèce de lit, improvisé avec de vieux fauteuils. Angeli se promenait le long de la cloison contiguë à la salle d'armes, tête basse, les bras croisés, avec une grande agitation.

Frederico regarda dans le corridor, pour s'assurer que personne ne venait écouter aux portes, puis venant se poser en face de son ami qui l'avait attendu, il lui dit d'un ton sinistre :

— Tu as à me parler, Angeli, m'as-tu dit, quand j'ai quitté les pinceaux? Parle, je t'écoute.

Angeli regarda Frederico, comme si son regard eût voulu pénétrer jusqu'aux plus intimes recoins du cœur. Mais sa bouche n'articula aucune parole. Puis son œil fauve, tournant lentement sous l'arcade sourcilière, fit circulairement l'inspection de leur appartement.

— Je te comprends, dit Frederico, tu ne te crois pas en sûreté ici. Eh bien! allons ailleurs.

Au ton de ces paroles, on devinait que quelque scène étrange, inouïe, se préparait. Angeli était horrible à voir, et Frederico avait dépouillé cette grâce juvenile et ces manières charmantes qui lui avaient valu un si bienveillant accueil au manoir des Vitelli. Ayant fermé la première chambre, à double tour, ils se rendirent à la salle d'armes, sourdement éclairée par le reflet de la lampe, suspendue à la voûte du bastion.

Frederico, comme un homme harassé de fatigue, s'assit sur un amas d'épées ; Angeli resta debout, se promena un instant, puis venant se placer devant Frederico :

— Je t'attendais, dit Angeli, d'une voix sombre.

— Me voilà, répondit Frederico, parle.

— Je n'ai pas besoin de parler, dit Angeli ; pour t'écraser de mes reproches, il me suffit de me taire et de te regarder. Qu'as-tu à répondre à mon silence et à mon regard ?

— D'abord, dit Frederico, parle bas... Cette fois je ne suis pas bien aise qu'un domestique entende ce que nous dirons, comme le premier soir. Alors, cela pouvait nous être fort utile, tandis qu'aujourd'hui... Mais tu comprends aussi bien que moi l'intérêt que nous avons à ne pas éveiller les soupçons, et alors, à moins que tu ne sois fatigué de la vie de ce château, que tu n'aimes mieux courir de nouveau les aventures, tu garderas le silence que t'imposent la prudence et tes intérêts. Au reste, avant tout, réfléchis et juge.

Frederico accompagna ses paroles d'un geste amical et s'apprêtait à se lever.

Mais Angeli, d'un mouvement impérieux étendant la main vers lui, le fit rasseoir. Puis, il fit encore deux fois le tour de la salle d'armes, comme en proie à une grande agitation, et dit :

— Frederico, tu as le don de tromper ceux qui te connaissent le mieux. Mais crois que je ne suis pas dupe de tes paroles, quelque sensées et raisonnables qu'elles puissent paraître à d'autres qu'à moi. Aucune oreille ne peut nous entendre ici, et, tu le sais bien, tu as pris tes précautions.

— Valmonto dort...

— Qu'il se réveille! cela m'est bien égal! Valmonto est un imbécille qui ne voit que ce que tu lui fais voir; mais je ne suis pas doublure, moi.

Angeli ne contenait plus la colère qui bouillonnait dans son cœur. L'emportement succédait déjà à la contrainte forcée qu'il s'imposait. Frederico voyait venir l'explosion, et, pour mieux la dominer, il comprenait qu'il avait besoin de plus de tenue et de sang-froid que jamais. Aussi, pour répondre à cette impétueuse sortie, se composa-t-il une pose et un son de voix :

— Eh! bien! voyons, qu'as-tu vu? demanda Frederico, en croisant les bras, et d'un ton railleur.

— J'ai vu que tu nous trahis, rien que cela. C'est assez, je crois.

— Ah! voici du nouveau, mon brave Angeli! dit Frederico, avec un éclat de rire modéré. — Tu as découvert cela? Et sans le secours d'un espion ou d'une lorgnette? C'est fort.

— Frederico, dit Angeli d'une voix sourde et stridente, pareille à un soupir de la Solfatare, je te dis de ne pas me railler! L'heure est mauvaise, prends-y garde.

— Ne menace pas, Angeli! ne menace pas! dit Frederico d'un ton résolu. Songe que nous ne sommes pas seuls dans ce château! Si tu as quelque chose à me dire, parle; je suis venu ici pour t'écouter et te répondre. Mais, pour Dieu! ne menace pas, respecte ce que tu dois respecter, et n'oublie pas que ta parole peut être fatale à trois hommes !

— Vraiment je crois que tu moralises, brave garçon ! Le moment est bien choisi.

— Que je moralise ou non, c'est indifférent. Mais prends garde à tes paroles.

— Et que m'importe d'être pendu aujourd'hui ou demain, pourvu que tu sois pendu avant moi, beau Frederico !... Écoute... Sais-tu ce que nous sommes venus faire ici? Voyons, réponds ; le sais-tu ?

— Belle demande !

— Il paraît que tu l'as oublié, Frederico, et qu'en l'oubliant tu joues ta tête, ce qui t'est permis, et la mienne, ce qui t'est défendu !

— Angeli, tu es somnambule ou fou, de parler ainsi.

— Ah ! je suis fou, parce que je parle raison !... Réponds moi, Frederico, si tu tiens à la vie.

— Angeli, dit Frederico avec un son de voix effrayant de douceur, ton caractère violent t'emporte, j'en suis sûr, plus loin que tu ne voudrais aller. Malgré mes avertissements, voilà que tu menaces encore. Cependant tu sais que je ne suis pas homme à reculer devant la menace, à fléchir devant l'intimidation. Voyons, calme-toi, pèse tes paroles ; je suis prêt à répondre à toutes tes questions.

Cette parole douce et ferme à la fois, tombait sur la colère d'Angeli, comme l'eau froide qui ne fait qu'attiser l'incendie, lorsqu'elle ne l'éteint pas. Il devint évident alors pour cet homme que Frederico ne cherchait qu'à porter à son comble son exaspération, réservant ses forces pour le moment suprême d'une lutte inévitable. Mais Angeli ne voulut pas donner la joie d'un pareil triomphe à celui qu'il considérait déjà comme le plus dangereux des ennemis. Par un effort violent, comprimant sa colère, il lui dit :

— Eh bien! puisque tu veux répondre, je suis prêt à t'interroger : Vois, je suis redevenu calme, et ma voix est presque aussi silencieuse que la nuit. Ce que je te demande, c'est de me répondre avec une franchise amicale. Je serai juge : si je te crois coupable, je te le dirai et tu redeviendras ce que tu étais avant de commettre la faute; sinon, je reconnaîtrai mes torts et m'inclinerai devant toi.

— Enfin, voilà qui est parler en homme, Angeli; je te retrouve maintenant. Qu'as-tu à me demander?

— Une simple question qui les contient toutes : Avant d'entrer dans ce château, connaissais-tu cette petite fille, auprès de laquelle tu étais si empressé ce soir?

— Choisis mieux tes expressions, Angeli; non, je ne connaissais pas mademoiselle Fiorina Vitelli.

— Ainsi, la fantaisie de devenir amoureux est tombée dans ton esprit, un beau matin?

— D'abord, ce n'est pas une fantaisie; ainsi n'en parle pas sur ce ton léger.

— Il paraît que de quelque façon que je le prenne, j'aurai ce soir le talent de te déplaire.

— Non, Angeli; mais il me semble que tu

pourrais parler sérieusement de choses sérieuses.

— Encore une question, Frederico : ces choses sérieuses existaient-elles avant notre arrivée au château ?

— Il est évident, Angeli, que je ne pouvais pas aimer cette jeune femme, avant de l'avoir vue.

— Et tu oses m'avouer que tu l'aimes, étourdi Frederico? Tu oses me l'avouer sans rougir et sans trembler ?

— Oui, j'ose cela... Est-ce que tu en serais amoureux, toi aussi?... Et aurais-je trouvé en toi un rival inattendu?

Un regard de mépris foudroyant fut la seule réponse du sauvage interlocuteur de Frederico.

Après le mépris, vint dans l'œil d'Angeli

une expression de haine si menaçante, qu'on eût dit que le trait visuel était la lame acérée d'un poignard. Cet homme disait tout par le regard.

Il n'y avait pas à se tromper à cette double idée exprimée d'une façon si formelle. Aussi Frederico se trouva-t-il debout instinctivement et dans l'attitude d'un homme prêt à se défendre.

— Oh! calme-toi à ton tour, dit Angeli en faisant à Frederico un geste de mépris. Quand on veut mener la vie d'un homme, on ne doit pas prétendre aux joies faciles du Gynécée: pour moi, j'y ai renoncé depuis longtemps. Mais il paraît qu'il n'en est pas ainsi de toi, Frederico. Du même coup tu veux tout avoir: fortune, amour, bonheur. Vive l'ambition! Bravo, Frederico!

— Puisque tu le prends ainsi, sois libre, Angeli. Mais respecte la liberté des autres. Si tu as renoncé à être amoureux, eh bien! que t'importe alors mon amour! ajouta Frederico; il m'est bien permis d'aimer une jeune fille en passant, et je laisse chacun maître d'en faire autant.

— Non, misérable, cela ne t'est point permis, dit l'autre; et toutes tes mauvaises railleries ne te justifieront pas d'un crime. Ton amour est une trahison. Nous ne sommes pas venus ici, Valmonto et moi, pour te voir débiter des sonnets aux pieds d'une jeune fille. Nous sommes entrés sur tes traces dans ce château avec un but sérieux, avec un de ces projets dont la réussite bouleverse et change toute une vie. Et nous ne pouvons aujourd'hui voir, par ta faute, par ta coupable facilité à te distraire, voir ainsi se changer en fumée toutes nos espérances les plus légitimes. Si tu es de la nature des femmes, tant pis pour toi, Frederico; mais n'oublie pas qu'il y a autour de toi de vigoureuses natures d'hommes qui savent lutter et combattre jusqu'à la mort. Tu es né dans les villes, toi, et tu as perdu la meilleure portion des qualités actives de ta race; mais, moi, je suis un fils des montagnes, inébranlable et inflexible, comme les rochers de ces Apennins.

— Que veux-tu dire, au milieu de ce flux de paroles vaines? Voyons, explique-toi.

— Ah! tu n'as pas encore saisi ma pensée! Eh bien, je vais être clair, écoute. Je te connais, Frederico, tu es un de ces hommes que la main d'une femme fait mouvoir comme un arlequin de carton; quand ta tête brûlera, tu ne seras plus maître de ta langue, et dans cette ivresse, pire que celle du vin, tu te trahiras toi-même, tu trahiras tes amis, tu nous livreras au bourreau.

— Angeli, — dit Frederico avec un calme foudroyant, si je ne savais pas que tu es fou, j'aurais arrêté ton premier mot d'insulte avec un soufflet, et encore maintenant il faut le respect d'une vieille amitié et l'espoir d'un retour pour que je me retienne.

— Scélérat! — s'écria Angeli en ramassant une épée des vieux chevaliers du moyen-âge, tu ne sortiras pas vivant d'ici!

En même temps, sans attendre que son adversaire eût fait comme lui, le robuste montagnard fondit sur Frederico avec une ardeur et une vivacité qui lui auraient assuré immédiatement la victoire, si Frederico, qui dès le début de cet entretien avait prévu cette explosion, ne se fût tenu sur ses gardes et toujours prêt à se défendre par où Angeli chercherait à l'attaquer. Au premier mot de menace violente, il avait deviné que le combat allait s'engager, et son œil avait déjà choisi son arme.

Quand, dans un accès de rage, Angeli, poussé à bout, s'élança sur le coupable amant de la belle Fiorina, Frederico bondit en arrière, et, saisissant une autre épée, il para le premier coup, et un combat terrible s'engagea entre deux adversaires adroits et vigoureux, exercés à ces luttes dans les salles des maîtres napolitains.

Leur haute taille avait disparu : passés tous deux à l'état de reptiles, la main gauche sous le menton, comme un bouclier; la tête inclinée sur le bras droit; tous deux invisibles, derrière l'énorme poignée des glaives chevaleresque, ils eussent prolongé cette lutte jusqu'au jour; mais Angeli ayant mis son pied droit dans une crevasse de dalles brisées, il glissa, se découvrit, et reçut dans la poitrine le coup de foudre de la mort.

En ce moment, Valmonto se réveillait, et entendant un cliquetis d'armes, il entrait et voyait le dernier épisode, l'affreux dénoûment de cette horrible scène.

Valmonto était le seul témoin de ce duel, et sa position personnelle le rendait en même temps le juge du vainqueur et du vaincu. Le combat avait été si prompt et si acharné que Frederico n'avait pas vu Valmonto sur le seuil de la porte. Frederico ne remarqua sa présence qu'en le voyant se pencher sur le cadavre gisant d'Angeli et examiner si, malgré le sang répandu par la large plaie béante, la blessure était réellement mortelle. Couché sur le corps, il interrogea successivement toutes les sources de la vie. Mais il dut bientôt renoncer à toutes ses espérances : l'épée de Frederico avait porté bien à fond, Angeli était bien mort.

Quand Valmonto se releva tout pâle et le front inondé d'une sueur glacée, il vit Frederico qui, immobile et muet, encore appuyé sur la grande épée dont il s'était servi, le regardait poursuivre son funèbre examen d'un œil sec, et comme s'il eût craint qu'il ne restât encore quelque lueur d'existence dans le corps de son ennemi. Valmonto et lui se regardèrent quelques instants en silence, puis :

— Je me suis défendu, — dit Frederico en

jetant son épée avec un geste de désespoir et voilant sa tête de ses mains.

Valmonto croyait continuer un mauvais rêve. Sa bouche béante et muette interrogeait Frederico d'une façon plus expressive que la plus impérieuse interrogation.

Mais Frederico ne voyait point Valmonto, et ce ne fut que quand celui-ci l'interrogea directement qu'il put lui raconter la source et l'origine d'une querelle dont l'issue pouvait être funeste à tous. Frederico raconta fidèlement la chose, et il n'obtint pour toute réponse que ces trois mots glacialement prononcés :

— Angeli avait raison.

— Il avait raison ! — répéta Frederico avec un sourire affreux. — Eh bien ! veux-tu ramasser son épée?

— Non, parce que je suis un véritable ami, moi, dit Valmonto; tu peux me tuer comme lui, si tu veux, mais je soutiendrai toujours qu'il avait raison. La justice avant tout..... Pauvre Angeli! mourir au moment où la fortune nous visite... à la veille du bonheur!

Des larmes mouillèrent les yeux des deux jeunes gens, à deux pas du cadavre d'Angeli. Dans ces sortes d'affaires, le bon sentiment vient toujours après un irréparable malheur consommé.

Frederico, accablé de douleur et vaincu par la parole douce de Valmonto, était tombé dans une prostration complète. L'œil morne, il regardait son œuvre avec effroi et sans Valmonto, il eût porté sur lui des mains violentes. Mais Valmonto l'embrassant avec effusion :

—Écoute, Frederico, lui dit-il, Angeli avait

raison, mais il ne faut pas pour cela se laisser aller ainsi au désespoir. Relève-toi, Frederico, ranime ton courage ; considérons ce qui vient de se passer comme accompli il y a dix ans ; parlons-en comme d'une chose vieille et songeons à nous.

— Oui, songeons un peu à nous, cependant, — dit Frederico après une longue pause, — il faut effacer les traces de ce malheur... Mon Dieu ! ma tête n'est pas à moi !... Valmonto, le jour paraîtra bientôt... c'est horrible ce qu'il y a là, devant nous. Comment le faire disparaître ?

— C'est à cela qu'il faut penser avant tout, c'est le plus urgent. Quelle est ton idée ?

— Moi, je n'en ai pas ; ma tète est perdue ; je n'ai pas d'idée.

— Il faut cependant trouver un moyen de nous débarrasser de ce corps.

— Trouve le moyen, mon cher Valmonto. Moi je ne puis penser. C'est horrible.

— Quelle abominable action ! dit Valmonto en croisant ses mains sur sa tête. Quelle vilaine idée de se quereller ainsi !

— C'est fait, dit Frederico.

— Et comment effacer tout cela ? dit Valmonto.

— Il faut porter le corps au lac, dit Frederico en frissonnant. Nous dirons qu'Angeli est sorti, croyant avoir aperçu un signal de détresse dans la campagne, et que depuis il n'a plus reparu. Nous serons même plus inquiets que les seigneurs Vitelli, parce que nous paraîtrons croire que ce signal était un piége tendu par la police dans lequel notre ami aura été pris. Notre inquiétude aura sa source légitime dans notre position qui deviendra critique.

— J'adopte volontiers une partie de ce plan que nous modifierons encore. Mais je ne puis admettre de porter le corps au lac de Vico. Il y aura trop de dangers pour nous dans ce transport ; et puis le lac de Vico renvoie à sa surface tout ce que le crime lui confie... Frederico, ce lac est un perfide recéleur... Mieux vaut creuser ici une fosse, sous les dalles de cette chambre reculée... Ordinairement personne n'entre ici, n'est-ce pas ?

— Je n'y ai jamais vu personne, ni du château, ni de la domesticité.

— Eh bien ! enlevons les dalles et creusons la fosse.

— Adopté, dit Frederico. Le travail dissipera les sombres pensées.

Grâce à la dextérité de ces deux hommes, ce travail funèbre ne fut pas long ; le cadavre d'Angeli disparut bientôt dans l'épaisseur de ce plancher de citadelle ; on remit les dalles, on sema négligemment toutes sortes de débris informes sur la place de l'inhumation ; les traces de sang disparurent sous une couche de poussière renouvelée. A l'aube, l'œil le plus subtil n'aurait rien découvert des mystères de cette nuit.

Les deux amis rentrèrent dans la première chambre, comme saisis de terreur après avoir accompli leur besogne funéraire, s'assirent à l'écart et s'entretinrent longtemps, à voix basse, d'un projet dont l'exécution devenait immédiatement nécessaire après la mort d'Angeli.

XVI.

C'est dans cette conversation intime que tout fut arrangé entre Frederico et Valmonto pour que rien ne transpirât au château des événements de la nuit. Un plan avait été combiné entre les deux complices. Mais ce n'était pas chose facile que de le mettre à exécution.

Car il ne s'agissait de rien moins que de s'attendre à toutes les questions d'usage sur le compte d'un absent et d'y répondre sur le ton de l'indifférence affectueuse sans jamais se troubler, sans jamais laisser deviner dans son accent ou sur son visage l'effroyable vérité. Telle était la situation.

Au lever du soleil, ils descendirent à la galerie des fresques, pour attendre le comte Vitelli, le pinceau à la main, devant le vieux Silène faisant l'éducation de Bacchus.

A peine debout, le maître de la maison vint, selon une habitude qu'il avait contractée, rendre sa première visite matinale aux travailleurs. Le seigneur Vitelli avait trouvé ce moyen d'utiliser agréablement le commencement de sa journée, et il aimait dès l'aurore levée se trouver avec les proscrits.

La première question, la question attendue, que le maître du château adressa à ses deux peintres en entrant, fut celle-ci :

— Et le seigneur Angeli dort encore ? cela m'étonne bien, lui qui est toujours le premier sur l'échafaudage !

Cette question était trop naturelle dans la situation pour que les deux amis ne l'eussent point prévue. Leur réponse était prête et de sa voix douce le comte de Nola s'en fit l'interprète :

— Comte Vitelli, — dit Frederico, le pinceau à la main et le visage collé sur la fresque, — notre ami Angeli s'est ennuyé de notre vie tranquille et il est parti.

— Parti !

— Oui, mon cher comte, et parti avec la douleur de n'avoir pu vous faire ses adieux. Il a voulu profiter du brouillard matinal du lac pour gagner les montagnes.

— Et nous reviendra-t-il, au moins ?

— Je ne le pense pas, comte Vitelli... Notre ami a une idée fixe ; il veut gagner le littoral de la Méditerranée, et joindre quelque paquebot français ou anglais.

— Mais c'est une aventure folle que votre ami a voulu tenter.

— C'est ce que Valmonto et moi avions pensé, comte Vitelli. Au reste cela ne nous a point étonnés de la part d'Angeli. Il a toujours beaucoup aimé les aventures, et tout péril sourit à son courage.

— Mais vous du moins, mes amis, ne ferez pas comme celui que nous avons à regretter.

— Oh ! nous, comte Vitelli, le malheur nous a instruits et nous a inoculé la sagesse. Angeli voulait nous entraîner avec lui, mais nous avons refusé de le suivre. Nous avons la force de savoir attendre, nous, grâce à l'inépuisable charme de votre hospitalité et à votre excessive bienveillance, comte Vitelli.

— Je vais annoncer cette nouvelle à ma femme et à Urbino. Quelle nouvelle ! à bientôt, messieurs ! ajouta-t-il en s'éloignant.

Rien dans cette scène n'avait trahi la sombre préoccupation à laquelle étaient en proie à cette heure les proscrits. L'accent de la voix avait été naturel, et les paroles échangées eussent paru plausibles à de plus difficiles que le comte Vitelli. Tout paraissait donc réussir au gré des deux amis.

Il n'en était pas ainsi cependant, et la difficulté allait surgir d'où on ne devait pas l'attendre.

Quand ils furent seuls, Frederico dit tout bas à l'oreille de Valmonto qui s'était philosophiquement remis à l'œuvre et travaillait avec son ardeur accoutumée :

— Oh! j'ai fait un effort extrême pour parler ainsi. Mon énergie m'abandonne. Le sang de là-haut coule sur ce mur... Nous ne pouvons plus rester dans cette maison... Et puisque *notre affaire est à peu près faite*, partons... Valmonto, si tu es mon ami, partons.

— Mais, Frederico, — dit Valmonto sur le même ton,—n'est-ce pas aujourd'hui que Marzio t'envoie sa lettre de Florence... Vincenzo la trouvera à la poste de Ronciglione... Dans quelques heures nous allons l'avoir.

— Oui, mais tous mes plans sont bouleversés par le malheur de la nuit dernière... Que m'importe cette lettre ! il faut *tout prendre*, et partir.

— Frederico, partout où tu iras, je te suivrai. Mon sort est désormais lié au tien. Songe cependant qu'avant de prendre une résolution comme celle que tu proposes, il est bon de réfléchir. Je ne refuse pas de t'accompagner, de partir avec toi, mais avant tout voyons s'il n'y a rien de plus avantageux.

— Mon cher Valmonto, ta parole me touche plus que je ne saurais te dire Elle est douce et amicale. Mais crois bien que toute position est préférable à celle qui par ma faute nous est faite dans ce château. J'y vois partout le spectre d'Angeli, et il me semble entendre une voix qui demande vengeance du sang versé.

— Illusion, mon ami, d'une imagination exaltée et qui se dissipera bientôt.

— Oh ! ce n'est pas une illusion. En quelques heures ce château est pour moi devenu inhabitable.

— Ainsi, tu le quitterais sans laisser des regrets après toi.

— Des regrets, dis-tu ? J'y laisse des remords. Puissent-ils me quitter sur le seuil !

— Et la belle Fiorina, Frederico?

— Jamais je n'aurai le courage de l'aborder, dans l'horrible état où je suis ; je veux partir sans la voir.

A ces mots, la comtesse et sa fille entrèrent dans la galerie, et Frederico se retournant au bruit de leurs pas, laissa tomber son pinceau en s'appuyant contre les piliers de l'échafaudage pour ne pas le suivre dans sa chute. Tout son sang avait subitement reflué à la tête, puis au cœur : il était devenu d'une pâleur mortelle et ses jambes menaçaient de se dérober sous lui.

Valmonto qui peignait à côté de Frederico lui dit à voix basse en voyant la pâleur livide de son ami :

— Sois ferme, ne te trahis pas; qu'as-tu fait de ton énergie ? encore une faiblesse, et nous sommes perdus.

Frederico se raidit sur ses pieds, respira fortement pour se donner une voix calme, et descendit de l'échafaudage pour saluer la comtesse et sa fille.

Jamais la jeune Fiorina Vitelli n'avait été plus belle qu'à cette heure matinale. Nonchalamment appuyée au bras de sa mère avec une grâce toute italienne, elle reçut le salut de Frederico le sourire aux lèvres, et laissant à la comtesse Vitelli le soin d'entamer la conversation, elle regarda le travail du jeune homme. La comtesse heureuse encore de la joie causée par la conversation de la veille, aborda Frederico comme un gendre futur et prochain et sans remarquer l'altération de ses traits.

— Quelle nouvelle vient de nous annoncer le comte Vitelli, seigneur Frederico ! Ne rien dire, même à ses amis ! Ah çà ! mais il a donc pris sa résolution à l'improviste, ce jeune homme ?

Le visage de Frederico avait la pâleur de la mort, et le sourire qui passa un instant dans ses yeux était effrayant comme le sourire d'un fou. Heureusement pour le jeune homme la comtesse tout en lui parlant avait les regards tournés d'un autre côté, de telle sorte qu'elle ne remarqua ni son trouble ni son abattement. Cependant Frederico n'osait répondre, de crainte que la voix ne trahît ses émotions intérieures. Au comble de l'embarras, il faisait vainement un énergique appel à sa force morale quand la porte s'ouvrit de nouveau.

Le comte Vitelli et Urbino, son fils, entrèrent au même instant dans la galerie.

— Il est donc parti, ce pauvre Angeli ? dit Urbain en serrant affectueusement la main de Frederico.

— Eh ! oui, seigneur Urbino, il est parti, — répondit Valmonto, du haut de l'échafaudage, parti subitement.

Cette voix qui semblait descendre du bastion funèbre, fit tressaillir convulsivement Frederico ; une sueur glacée perla sur son front ; un frisson de terreur courut dans ses os ; le spectre vengeur d'Angeli se dressa subitement devant ses yeux, accusateur terrible de meurtre et d'imposture;et sous l'obsession poignante de ces idées, il ne put retenir sur ses lèvres ce cri échappé avec une voix de fantôme :

— Qui donc a répondu ?

— C'est Valmonto, dit Urbain.

— Ah ! oui, c'est juste, murmura Frederico; je croyais que c'était... Angeli... Ce brusque départ m'a tant saisi.

— C'est très-naturel, dit le comte Vitelli. Mais du moins, ajouta-t-il en se tournant vers sa famille, si leur ami a fait une folie, ces messieurs sont raisonnables et ils nous restent.

Il y eut un moment de silence après ces paroles qui ne pouvaient demeurer sans réponse.

— Eh bien ! mes chers amis, dit enfin Frederico les larmes aux yeux et avec une voix désespérée, malgré la promesse que je vous avais faite, nous sommes à cette heure obligés de partir. Malgré tout notre désir nous sommes forcés de vous quitter aussi...

— Vous partez, — s'écrièrent à la fois le comte et Urbain, vous partez, seigneur Frederico ?...

Frederico fit une pantomime affirmative et désolée.

Fiorina chancela et s'assit lourdement sur un fauteuil.

Urbain qui remarqua le trouble de sa sœur, passa devant elle, pour la dérober aux regards de Frederico, mais le désespoir et la pâleur de la jeune fille n'avaient pas échappé au jeune amoureux.

Le comte et la comtesse étaient immobiles de stupeur, et n'osaient pas regarder leur fille. Valmonto, du haut de son échafaudage, planait sur cette scène, et se préparait à intervenir, si la situation devenait alarmante par la faiblesse de Frederico, ou par une trop grande émotion :

— Oui, dit le jeune proscrit ; vous devez avoir remarqué, ce matin dans toute ma personne, un trouble extraordinaire, et ce que je vous dis maintenant vous explique tout... le brusque départ d'Angeli a déterminé le nôtre. Nos intérêts sont communs ; rien ne peut les diviser, pas même l'amitié que je porte à toute la noble famille des Vitelli et qui ne cessera qu'avec ma vie.

— Oh ! cela ne sera pas, dit le comte ; vous vous êtes placés sous ma protection, et j'ai des droits sur votre volonté... Votre vie est en danger, cette maison est sûre, rentrez-y...

— Cher comte, — interrompit Frederico, — vous n'avez pas fait une réflexion, que nous avons faite, nous. Angeli a passé bien des nuits, sous le toit de ce château : s'il tombe entre les mains de la police, et que, dans un moment d'effroi, il nomme le comte Vitelli, nous sommes découverts, nous, et vous êtes compromis.

— J'accepte toutes les conséquences d'une indiscrétion, ou d'une trahison, dit le comte avec feu ; d'ailleurs, je vous l'ai dit cent fois ; je ne crains rien.

Le comte Vitelli parlait avec une chaleur qui témoignait de la vive sympathie qu'avaient su lui inspirer les proscrits. Valmonto sur son échafaudage dominait toujours la situation, ne jugeant pas encore le moment opportun de venir se mêler à l'entretien. Quant à Frederico, pendant que le comte Vitelli lui parlait, sa tête s'était penchée sur son sein comme pour cacher la pâleur et l'abattement de sa figure, et toute son attitude témoignait de sa profonde émotion. En somme tout le monde souffrait.

Dans ces circonstances les jeunes femmes ne savent pas dissimuler. Fiorina faisait peine à voir.

La comtesse entraîna sa fille dans la salle voisine, et Urbain vint, avec une légèreté fausse, dire à son père, que l'atmosphère brûlante de cette galerie, exposée au midi, avait incommodé ces dames, et qu'elles allaient respirer la fraîcheur du lac et des arbres.

Le comte poussa un soupir, et croisant les mains, il les plaça sur son front. Ce signe de désespoir ne pouvait être regardé comme l'expression d'une douleur causée par le départ d'un ami de quelques jours. Le comte avait bien jugé la situation. Fiorina, ne croyant pas s'égarer, en suivant les inspirations de sa mère, avait, dans son triste isolement, fait un rêve d'avenir qui s'évanouissait déjà, sans retour, plus rapidement que ne se dissipe au soleil le mirage du désert.

Urbain était ressorti, allant rejoindre sa mère et sa sœur, et les jeunes proscrits restèrent seuls avec le comte Vitelli dans la galerie de Solimène. Un silence solennel régnait dans cette vaste pièce et on eût dit qu'aucune de ces trois personnes n'osait le rompre. Tous semblaient avoir épuisé tout ce qu'ils avaient à dire; et en proie chacun à des sentiments divers, ils restaient plongés dans la méditation et le recueillement. Chacun comprenait que la première parole prononcée allait emprunter à la circonstance une grande solennité, et tous attendaient cette parole de la bouche d'autrui.

Frederico avait suivi de l'œil tous les mouvements de Fiorina, et, en la voyant sortir, pâle et chancelante, il s'assit auprès du comte Vitelli, les coudes sur ses genoux, les mains sur son visage, comme pour chercher une bonne inspiration, dans cette pose de recueillement.

La situation devenait tellement tendue que la solution ne pouvait venir que du dehors. C'est dans ces circonstances que se révèle la puissance du hasard. Il est rare qu'on ne voie point alors surgir quelqu'incident imprévu qui métamorphose et bouleverse tous les sentiments, et cet incident se produit avec un tel à-propos qu'au lieu de l'attribuer au hasard on devrait bien plutôt l'attribuer à une intelligence supérieure. Qui sait? Peut-être en effet y a-t-il là-haut une intelligence qui se plaît à combiner ces petits détails et à créer ainsi dans nos actions des péripities inattendues.

Quoi qu'il en soit, dans cette occasion l'incident ne fit pas défaut.

Pendant que le comte Vitelli se promenait agité, que Frederico et Valmonto gardaient le silence, la porte de la galerie s'ouvrit, et Vincenzo entra, le front baigné de sueur, en disant d'une voix éteinte par la fatigue :

— Une lettre pour monsieur le comte!

XVII.

L'événement de la nuit avait tellement troublé les facultés de Frederico, qu'il avait complétement oublié les usages du château Vitelli. Ansi Vincenzo était parti à son heure matinale accoutumée pour Ronciglione, et Frederico ne se souvenait plus à cette heure qu'il attendait une lettre avec impatience.

Assis dans un antique fauteuil et absorbé dans ses réflexions, il ne releva même pas la tête, au bruit que fit le serviteur en entrant dans la galerie. Il ne vit rien, il n'entendit rien de cette scène rapide qui venait changer encore la position des interlocuteurs et il laissa les choses aller leur cours sans donner le moindre signe d'attention. Il était admirablement servi par le hasard.

Vincenzo avait fait diligence et il était arrivé au château harassé de fatigue, abattu, brisé.

Le comte Vitelli, dont les yeux étaient ternis par les larmes, prit machinalement la lettre, l'ouvrit, et lut :

« *Monsieur le comte,*

» *Vous avez votre grâce.....*

Le maître de la maison s'arrêta à ces mots, voyant bien que la lettre n'était pas pour lui et se tournant vers Frederico, qui n'avait pas bougé, qui n'avait pas quitté sa pose de recueillement :

—Mon Dieu ! s'écria Vitelli, j'ai ouvert votre lettre, cher Frederico ! achevez la lecture, et laissez-moi vous serrer contre mon cœur. Les quatre premiers mots disent tout. Enfin, elle est arrivée ! ce n'est pas trop tôt et votre impatience était légitime.

Retiré de son abattement par cette interpellation directe, Frederico prit la lettre que lui tendait la main tremblante du comte Vitelli; puis il se jeta dans ses bras ouverts et le tint longtemps embrassé comme en proie à une émotion qu'il ne pouvait contenir. Et quand ce premier moment d'expansion fut passé, il se donna une joie fausse que le comte Vitelli ne distingua pas dans l'ivresse de ses transports. Car, pour lui, homme simple et bon, s'il en fut, il se réjouissait grandement de l'heureuse chance de son jeune ami et ne trouvait pas de paroles pour exprimer la joie où le plongeait cet événement. Dans son ravissement, il serrait avec énergie la main de Frederico qui achevait la lecture de sa lettre, prononçant à peine de temps à autre un monosyllabe de bonheur et paraissant attendre l'inspiration qui lui permettrait de parler dignement.

— Oh! s'écria-t-il, mon cher Frederico, laissez-moi sans plus tarder aller annoncer cette triomphante nouvelle à ma femme,

Et il sortit avec l'agilité d'un jeune homme de vingt ans. Il courut ainsi sur le bord du lac où il espérait rencontrer la comtesse Vitelli avec sa fille et son fils. Mais sous le poids des émotions qui l'accablaient, à peine hors de la galerie, la jeune Fiorina s'était évanouie et sa mère l'avait conduite dans son appartement pour lui prodiguer ces soins qu'une mère seule sait donner. Le comte Vitelli après avoir cherché de tous côtés sur les bords du lac, revint donc sur ses pas et trouva sur le perron du château son fils qui paraissait l'attendre. Sans vouloir écouter ce que le jeune homme pouvait avoir à lui dire, le comte lui annonça la nouvelle qui le mettait ainsi hors de lui et pour faire partager sa joie à toute sa famille, s'informant aussitôt de sa femme et de sa fille.

— Et ta mère, Urbain, et ta sœur, où sont-elles? Je vous croyais sur les bords du lac.

— Ma mère et ma sœur sont dans leurs appartements. Mais prenez garde, mon père, ma sœur est bien malade en ce moment. Une émotion nouvelle pourrait la tuer. Ménagez-la.

— Enfant! dit le père, il y a des émotions qui tuent, mais ce ne sont pas les émotions de joie.

Et sans plus faire d'attention à son fils qui restait immobile et pensif sur le perron, le comte s'élança d'un pas leste vers les appartements supérieurs.

Dans la galerie des fresques, il se passait une scène d'un autre genre.

Après le départ du comte Vitelli et quand le bruit de ses pas se fut amorti dans le vestibule, Valmonto était descendu de son échafaudage, et il regardait silencieusement Frederico, sérieux et méditatif.

D'abord, Frederico ne parut pas faire attention à cette espèce d'investigation muette à laquelle il était soumis de la part de son ami; puis, au bout de quelques instants voyant que celui-ci ne se décidait pas à rompre le silence, il prit le premier la parole :

— Cet imbécille de Vincenzo qui ne sait pas lire, — dit Frederico en froissant la lettre. — Voilà tous nos plans renversés et au moment où ils allaient si bien réussir.

— Pourquoi? demanda Valmonto, pourquoi renversés ?

— Comment, pourquoi? — dit Frederico avec aigreur.

Et il accompagna ses paroles d'un geste qui montrait combien il était peu habitué à entrer dans de semblables explications avec ses amis. Mais Valmonto sans se déconcerter :

— Oui, mon cher Frederico, je te demande pourquoi cette lettre te trouble de la sorte, parce que je ne comprends pas en quoi son contenu peut en rien renverser ou modifier nos plans.

— Quel prétexte avons-nous maintenant pour nous éloigner d'ici ? Je me suis fait écrire que j'avais ma grâce ; mais quand j'ai donné cet ordre à Marzio, à Florence, il n'y avait pas un cadavre là-haut qui me chassait. La mort d'Angeli a subitement changé la nature de mon âme... Il me semble que je n'aime plus Fiorina...

— Tu te trompes ou tu me trompes, dit Valmonto avec un sourire railleur. Tu l'aimes toujours cette fille, et tu t'applaudis au fond du cœur d'avoir reçu cette lettre, parce que tu as maintenant un excellent prétexte pour rester dans ce château.

— Valmonto, mon cher ami, — dit Frederico avec une voix mélodieuse, — veux-tu que je te dise franchement la vérité ? Et avec la vérité tout ce que j'ai sur le cœur ?

Le son de cette voix fit tressaillir Valmonto. Frederico n'avait recours à sa séduction de sirène que dans les circonstances les plus difficiles et à l'heure où toute autre voie de succès lui était fermée. Valmonto connaissait Frederico de longue date, et il savait tout les piéges que pouvaient cacher ces paroles si douces. Aussi répondant brusquement à la question posée :

— Tu ne la diras pas, Frederico, cette vérité dont tu parles.

— Je te jure que je ne sais quelle décision prendre, et que je vais m'abandonner au hasard en jetant à la mer, dans cette tempête, ma boussole et mon gouvernail.

— Frederico ! murmura Valmonto, le pauvre Angeli avait raison ! cette femme nous perdra... Quelle idée maudite de se faire amoureux !... Sommes-nous venus ici pour nous amuser à de petites intrigues de cœur ? Notre but était plus digne de nous. La fortune nous a secondés au-delà de nos vœux. Tu as dirigé en maître cette opération, j'en conviens ; ta finesse naturelle, ton audace, ta présence d'esprit, nous ont rendus, pour ainsi dire, les maîtres de ce château, si bien placé qu'il nous eût été impossible d'en trouver un plus favorable à notre opération, à moins de le faire bâtir exprès... En cela, je le répète, tu as agi en maitre, en maître habile et consommé et jamais tu n'avais été si grand. Je n'ai que des éloges à donner.

— Est-ce que c'est pour en venir à cette fin que tu as bâti cette longue tirade?

— Non, Frederico, j'ai une autre conclusion, dit Valmonto et cette conclusion la voici : Pourquoi faut-il que ta mauvaise étoile te conduise à compromettre un si beau résultat par l'incident de ce stupide amour?

La colère bouillonnait au cœur de Frederico et volontiers il lui aurait donné un libre cours, n'eussent été les circonstances terribles dans lesquelles il se trouvait placé, ayant sans cesse sur sa tête le cadavre de son ami assassiné. Valmonto, profitant avec habileté de la situation, avait donné à son organe une fermeté inaccoumée, tandis que Frederico ne s'exprimait qu'avec mélancolie. Cette fois encore, quoique son cœur eût été rudement froissé par la parole brutale de Valmonto, Frederico lui répondit avec une suave douceur :

— Ah ! Valmonto, j'ai résisté longtemps, crois-le bien ; j'ai lutté contre la muette fascination de cette jeune fille. Le premier jour que je la vis, je compris toute l'étendue de ce péril. Souvent, assis à son côté, mes yeux s'obstinaient à ne pas la voir, et le charme qui vient d'elle m'enivrait pourtant comme si je me fusse livré à une dangereuse contemplation. Non, je n'ai pas cherché cet amour ; je l'ai fatalement subi... Fatalement, répéta Frederico, avec un soupir, comme on subit un coup de foudre qui vous frappe en plein champ. Oui, mon ami, la comparaison dont je me sers est juste. Cet amour a été pour moi un coup de foudre. Peut-être quelquefois as-tu également ressenti de pareils effets de cette passion ; car tu n'es pas insensible, Valmonto, quoique tu t'efforces aujourd'hui de le paraître ; et si ton cœur a connu l'amour, tu dois me comprendre et m'excuser.

Valmonto ne répondit rien, seulement il hocha la tête et ce signe marquait aussi bien qu'il doutait de la sincérité des paroles de Frederico qu'il contenait de désapprobation de la conduite présente. Frederico, voyant qu'il ne gagnait pas grand'chose, reprit après une pause :

— Écoute encore, mon ami, et après juge-moi. Malgré tout ce que je viens de te dire, Valmonto, j'aurais eu la force de m'éloigner aujourd'hui, car le spectre d'Angeli me suivra partout, et teindra de sang tous les murs de ce château, désormais inhabitable pour moi... Cette lettre... cette maudite lettre apportée par ce stupide serviteur est arrivée un jour trop tôt. Je dois rester; je le dois pour ce père qui nous a si bien accueillis.

— Tu dois partir, Frederico, et partir aujourd'hui même, avant ce soir. Tu ne dois plus passer un seul jour dans cette chambre, dont tu as fait la tombe de ton ami. Quelque rêve horrible te réveillerait en sursaut toutes les nuits, et la pâleur éternelle de ton visage te trahirait à chaque instant. Le sang versé laisse une souillure au front. Prends-y garde, ta faiblesse peut tout perdre.

— Fatal moment d'erreur! que le poids d'une faute est lourd à porter!

— La plainte est inutile à cette heure, Frederico; toutes les plaintes, toutes les larmes du monde, tous les repentirs ne rendraient pas la vie à celui qui n'est plus. Ainsi laissons là les regrets et les soucis et les erreurs du passé pour ne songer qu'au présent et surtout à l'avenir. Car la besogne est encore rude et pour l'accomplir, il faut commencer. Ainsi partons.

— Oui, mais le prétexte de quitter ce château où l'on nous retient, Valmonto, ce prétexte?

— Eh ! les prétextes ne manquent jamais quand on veut s'en servir. Ton imagination est trop riche, Frederico, pour être arrêtée par de semblables fatalités. As-tu été en défaut quand pour la première fois tu as franchi le seuil de cette maison? Rappelle-toi ce que tu as dit alors : Veux-tu que je remette sous tes yeux cette scène telle que tu nous l'as dépeinte le lendemain quand tu nous as introduits?.. Je pense que c'est inutile... mais n'as-tu pas parlé de ta vieille mère, et ne crois-tu pas que tu puisses en ce jour invoquer ici ce souvenir avec succès et à-propos?

— Valmonto, puisque tu le veux, nous partirons aujourd'hui; le soleil ne se couchera pas sur le lac de Vico sans que nous ayons quitté le château Vitelli. Mais rapporte-t'en à moi du soin de conduire cette affaire.

— Eh! mon cher Frederico, j'ai pleine et entière confiance dans ton adresse et ton intelligence. Ce que je crains ce sont les défaillances du cœur et crois-moi, tant que le cadavre d'Angeli sera devant tes yeux...

— Tu as raison, Valmonto, il me serait impossible de passer une seule nuit dans ce château, et surtout dans cette chambre, gardée par un cadavre... Il me faut une violente émotion pour me faire oublier le malheur d'Angeli... Prépare tout pour notre départ... entends-tu?... *tout!* que nous soyons prêts avant le coucher du soleil.

— Je comprends... sois tranquille, je ne laisserai rien.

Après ces paroles, les deux amis échangèrent un énergique serrement de mains, comme si, par cette étreinte muette, ils avaient voulu effacer toute trace d'aigreur laissée par ce pénible entretien et conclure un nouveau pacte d'amitié. Ils n'en avaient plus besoin après les dernières paroles de leur conversation. Ces deux hommes étaient irrévocablement liés l'un à l'autre.

Un bruit de pas s'étant fait entendre du côté de la porte extérieure, Valmonto laissa Frederico dans la galerie des fresques de Solimène et courut à la chambre du bastion de Michel-Ange.

Frederico se leva de l'air délibéré d'un homme qui a pris une résolution énergique, et rencontrant, dans le vestibule, le comte Vitelli, il passa son bras sous le sien et l'entraîna sous les arbres de la terrasse en lui demandant quelques minutes d'intime entretien.

Le comte Vitelli dont le visage ne savait rien dissimuler, portait empreinte sur son front une profonde tristesse paternelle. Un coup d'œil suffit à Frederico pour deviner ce qui se passait dans l'intérieur des appartements. L'amour du jeune homme redoubla à cette assurance, donnée par la douleur, qu'il était aimé de la jeune fille. Quittant le bras du comte, Frederico lui dit :

— Cher comte, écoutez-moi. J'ai ma grâce; c'est-à-dire, j'ai ma vie, ma fortune, ma liberté. Voici une lettre de crédit de soixante mille écus sur la maison Torlonia; c'est un à-compte de mes richesses. Vous avez appris à me connaître. On se connaît vite dans l'isolement... Un mot encore... j'aime votre fille, et sans préambule oiseux, je vous la demande en mariage.

Une sorte de réserve paternelle arrêta un cri de joie dans la bouche du comte Vitelli; mais sa figure s'illumina de bonheur, malgré lui, ouvrant les bras :

— C'est ainsi que je vous réponds, dit-il, mon cher Frederico, en vous embrassant, venez, mon fils.

Frederico se jeta avec une grande effusion apparente dans les bras ouverts du comte Vitelli. Il est vrai qu'à tout prendre il se réjouissait à cette heure profondément dans son cœur de la réussite complète de ses plans. Si Valmonto l'eût vu en cet instant, Valmonto lui-même aurait crû à sa sincérité et il eût entièrement partagé la joie de son ami.

— Maintenant, dit le comte Vitelli, allons trouver ma femme et ma fille.

Un quart-d'heure après, l'allégresse était au château, et Frederico jurait un amour éternel aux pieds de Fiorina, en présence de toute sa famille.

Tous les Vitelli, Urbain lui-même et le fidèle Vincenzo étaient radieux.

Le serviteur se penchant à l'oreille de son jeune maître lui dit de manière à n'être entendu que de lui seul ces paroles que seul, il est vrai, Urbain pouvait comprendre :

— Eh bien ! seigneur Urbino, n'avais-je pas bien vu le premier jour, et tout ceci ne finit-il pas par un bon mariage ? Beni soit le ciel, c'est le plus heureux jour de ma vie !

Urbain ne répondit rien, mais ses regards parlaient pour lui.

Au milieu du silence général qui avait succédé à la première effusion, une voix douce se fit entendre.

— On ne doit jamais ajourner le bonheur à trop longue date, — dit Frederico, en essayant de reprendre sa première légèreté. — Dès aujourd'hui, je vais monter ma maison, à Rome, avec un luxe digne de la céleste femme que j'épouse. Avec une bonne chaise de poste que je loue à Ronciglione, je suis rendu à Rome en six heures, et même, avant la nuit, je serai installé chez moi. Eh bien! suis-je approuvé par ma nouvelle famille? — ajouta-t-il avec une grâce inexprimable de parole, de geste et de regard.

Un sourire général de satisfaction répondit à cette demande et prouva à Frederico qu'elle était acceptée d'avance.

— Maintenant, dit le futur mari de la belle Fiorina, j'ai encore quelques devoirs à remplir, devoirs impérieux et que je ne saurais négliger plus longtemps. Il faut que j'écrive à ma mère et que je l'instruise de tout ce qui me touche. Elle est trop âgée pour venir me rejoindre à Rome.. Mais je dois à son âge autant qu'à sa constante tendresse, de ne rien faire qu'avec son agrément.

Des larmes mouillèrent tous les yeux à ces

dernières paroles qui montraient Frederico sous un si beau jour; et celui-ci, pour se dérober à l'attendrissement général, alla s'enfermer dans la chambre du bastion de Michel-Ange où Valmonto l'attendait avec une confiance pleine d'anxiété.

Quand ils se trouvèrent de nouveau en présence, les deux amis se parlèrent ainsi :

— Eh bien ! Valmonto, dit Frederico, j'ai réussi au-delà de toute espérance. Notre départ est assuré et toute la famille Vitelli est dans la joie. *Tout* est-il prêt ?

— Tout, mon ami, répondit Valmonto et nous n'avons plus qu'à partir.

— Alors, hâtons-nous, faisons nos adieux et partons.

En même temps la cloche du château sonna le déjeuner, et les deux amis descendirent prendre en famille le dernier repas qui devait leur être servi dans ce château. Il fut rapide et silencieux; tous les cœurs étaient trop pleins et chacun craignait de laisser déborder ses émotions.

Dans un de ces derniers entretiens qui accompagnent un départ, et où tout le monde parle à la fois, il fut convenu que la famille Vitelli fermerait la porte du château, le lendemain, et qu'elle viendrait habiter la maison de la *Via Ripetta*, pour s'occuper des préparatifs du mariage.

Frederico s'occuperait de son côté de l'installation de son jeune ménage, et quoique vivant sous un autre toit, consacrerait la majeure partie de son temps à la famille Vitelli.

Toutes ces choses furent dites à la hâte et au milieu d'un tumulte de propos divers, dans lesquels il fut rappelé à Frederico par le comte Vitelli qu'ils n'avaient pas eu leur entretien sur les Marais-Pontins. Valmonto promit pour son ami que cet oubli serait réparé, et s'engagea lui-même à tenir tête au comte Vitelli, dans les soirées romaines, sur les fouilles antiques et les découvertes modernes.

A onze heures, par un soleil de zône torride, Frederico et Valmonto, n'ayant aucun bagage apparent, couraient en tilbury de poste, dans la poussière grise qui couvre la côte de Ronciglione. Leurs figures étaient sombres, leurs bouches muettes. Le postillon, selon l'usage de ce pays, se suspendait au brancard, et semblait doubler l'attelage. Ils arrivèrent au sommet de la côte d'où on découvre la maison blanche de Baccano, perdue dans une enceinte circulaire de montagnes. Ils traversèrent cette immense prairie, désert de verdure, et après avoir relayé à la Storta, ils découvrirent à l'horizon le dôme de Saint-Pierre[1] et les points blancs et lumineux qui sont les grands édifices du Monte-Mario et du Vatican.

La sentinelle, qui veille si mal à la porte du Peuple, laissa passer le tilbury et les deux voyageurs en promenade; on traversa le *Corso* jusqu'à la place de Venise, et on s'arrêta devant le palais de l'ambassade d'Autriche, et l'église de Jésus.

Frederico descendit seul, et entra chez le banquier Torlonia, où il passa un quart d'heure. Cette expédition faite, le tilbury fut congédié; les deux jeunes gens remontèrent le *Corso*, et prirent un somptueux appartement place du Peuple, à l'hôtel de Paris.

Là, un court et rapide entretien s'engagea entre les deux amis.

— Ainsi pas d'obstacle, dit Valmonto. Tu t'es présenté et tu as été servi.

— Comme tu le dis, mon cher Valmonto. De difficulté pas la moindre.

— C'est merveilleux ! ainsi je puis me présenter sans crainte.

— Pourquoi craindre ? quand on craint, on tue d'avance le succès.

Quelques instants après, les deux amis couraient chacun de leur côté dans les rues de Rome.

Une partie du *Corso* ressemble à un quartier parisien de bon ton. Il y a des modistes, comme à la rue de Vivienne, avec nos journaux de modes, placardés aux vitrages ; il y a des coiffeurs, avec des bustes de cire ; des tailleurs, comme au passage des Panoramas ; des marchands d'estampes ; il y a même des Susse, des Félix, des Marquis, des Delille, des Palmyre; toutes les contrefaçons vivantes de l'industrie parisienne, qui hurlent d'effroi de se rencontrer sous le Capitole, entre le Forum de Trajan, et la colonne triomphale d'Antonin.

C'est la moderne Rome qui s'étale ainsi sur les ruines de l'ancienne, somptueuse et frivole pour les vivants qui résident et s'agitent, laissant les débris antiques aux voyageurs artistes et poètes qui rêvent et recherchent les graves enseignements.

A ce vaste bazar européen, le proscrit de la veille qui a trouvé de l'or le lendemain, peut se transfigurer en un instant. Ovide, en écrivant à Rome ses *Métamorphoses*, n'avait pas prévu celles que tant de barbares trouveraient à ce *Corso*, qui était alors le Champ-de-Mars. Il est vrai que si ce poëte favori de la muse romaine revenait de nos jours, il ne jugerait plus ces métamorphoses nouvelles dignes de sa grande poésie. Sans doute il regretterait ses Dieux et leurs charmantes amours. Et si, changeant son stylet en plume vulgaire, il écrivait encore pour amuser ses contemporains, il composerait des romans sur tous ces changements qui éblouissent le monde.

Rien n'est plus facile aujourd'hui que de se composer des dehors respectables. Habits, meubles, maison, tout est à la portée et sous la main de quiconque possède de l'or.

Ainsi, on ne sera pas étonné d'apprendre que Frederico, le soir même de son arrivée à Rome, se promène à Villa-Borghèse, dans un costume qui n'aurait pas été trop censuré aux processions mondaines du boulevard Italien de Paris ; et que le lendemain il pouvait déjà recevoir son futur beau-père, dans un riche appartement de la rue *San-Lorenzo-in-Lucina*, où le bon goût d'un tapissier romain de Paris avait décoré une chambre nuptiale, digne des hyménées de la Chaussée d'Antin.

XVIII.

Quand l'amour est de la partie, un mariage est vite conclu sous le ciel italien. Tous les préliminaires de l'union projetée de Frederico et de Fiorina furent promptement achevés et le comte milanais ayant reçu une lettre de sa mère qui approuvait entièrement sa conduite, les deux jeunes gens reçurent la bénédiction nuptiale à l'église aristocratique de Jésus.

Valmonto servit de témoin à son ami dans cette circonstance, comme dans tant d'autres, et toute la haute société romaine, à laquelle elle était alliée, accompagna la famille Vitelli.

Dans un récit épisodique, où l'enseignement doit l'emporter sur la curiosité romanesque, les détails intermédiaires sont oiseux ; il faut marcher avec concision au but, qui est la moralité.

Vingt jours après le mariage du comte Frederico Nola et de Fiorina Vitelli, les deux époux étaient assis, à cinq heures du soir, devant la rotonde de la villa Borghèse, et jamais groupe ne représenta mieux le bonheur aux yeux de la foule, qui passe et juge l'intérieur sur le visage. C'est dans ce pays, pourtant, que Métastase a écrit ces admirables vers, qui résument un cours de philosophie :

Lor nemici
Hanno in seno, et si reduce
A parer, a noi felici
Ogni lor felicita.

Les promeneurs qui toujours abondent à Villa-Borghèse, s'arrêtaient devant ces heureux époux et semblaient envier leur bonheur. Il est vrai de dire aussi que jamais couple ne mérita mieux l'admiration de cette foule désœuvrée qui sans cesse passe et repasse dans les jardins publics, indifférente et curieuse à la fois, toujours en quête de ce qui peut lui plaire et la charmer.

Frederico était vêtu avec une suprême élégance, et la mise de sa jeune femme, quoique simple, avait cette modestie orgueilleuse que prend le luxe quand il ne veut pas humilier les voisins; rien de ce qui saute aux yeux au premier abord. mais l'élégance la plus distinguée avec la richesse sans éclat.

Au reste ce n'était pas encore la toilette des jeunes époux qui fixait l'attention, autant que l'air de bonheur et de contentement parfait qui se laissait lire sur leurs traits, dans leur démarche et jusque dans leurs moindres gestes. Quand leurs regards se rencontraient, le passant étourdi qui saisissait au vol ce coup d'œil croisé était tout étonné de sentir au fond de son cœur une fibre inconnue délicieusement remuée. C'était comme le rayonnement magnétique du bonheur de cette admirable union.

Un incident imprévu faillit faire passer un nuage dans ce beau ciel de printemps.

Fiorina, heureuse comme toute jeune mariée de vingt jours, venait de mettre fin à un long accès de rire, provoqué par une improvisatrice ambulante, qui lui avait débité une série de quatrains sur la *beltà* et la *fedeltà*.

Comme il arrive presque toujours aux jeunes femmes, Fiorina tomba en rêverie après cette ébullition de gaîté folle. Sa tête se pencha, et se fit un appui avec la poignée de l'ombrelle, fermée en l'absence du soleil.

D'où venait cet affaissement soudain ? quelque contrariété avait-elle déterminé cet accès de mélancolie ? Nullement. L'atmosphère du ciel romain était toujours aussi sereine et ce n'étaient point les paroles de Frederico qui avaient pu ainsi troubler le cœur de sa jeune épouse; car Frederico avait écouté l'improvisatrice ambulante comme Fiorina, et ne l'avait interrompue que pour la complimenter sur sa poésie pleine d'abondance et de facilité.

D'ailleurs de pareils accidents ne sont pas rares entre jeunes époux amoureusement épris l'un de l'autre.

Ce passage subit de la joie à la tristesse n'a point de motif raisonnable, ordinairement; c'est une réaction nerveuse, une lassitude, un repos. Le bonheur ne devrait jamais penser; quand il se recueille, il s'effraie de lui-même, et n'ayant rien à craindre du présent, il s'ingénie à chercher une peine dans l'avenir.

Le jeune homme s'aperçut de ce changement. Il crut un instant que c'était quelque pensée sérieuse qui avait éteint le sourire sur les lèvres de Fiorina; mais il prit l'alarme en ne voyant pas revenir la gaîté.

— A quoi penses-tu ainsi, mon ange adoré! — dit Frederico en agitant doucement avec ses doigts la frange de l'ombrelle.

— A bien des choses, mon ami, — dit Fiorina en relevant la tête avec un léger sourire.

— Et serais-je indiscret en te demandant quelles étaient ces choses ?

— Oh ! nullement, mon Frederico bien aimé, et j'allais t'en parler la première, lorsque tu m'as interrogée.

— C'est que j'étais inquiet, Fiorina. Après t'avoir vue rire avec tant d'abandon, je te vois tout-à-coup plongée dans la mélancolie. Alors j'ai été alarmé, sérieusement alarmé.

— Que tu es bon, mon Frederico !.. Écoute-moi et vois comme parfois la pensée marche vite !... Cette pauvre femme en haillons m'a rappelé... quelque chose de bien terrible... et pourtant ce souvenir est plein de charmes... la nuit de ton arrivée à notre vieux château.

— Ah ! oui, dit Frederico, avec une émotion affreuse, déguisée par un faux sourire, — c'est un souvenir bien doux aussi pour moi.

La main de Fiorina se posa sur celle de son mari.

La jeune femme ne remarqua pas que cette main était glacée et comme agitée de mouvements convulsifs. Toute heureuse de faire une confidence à son mari, elle continua avec abandon :

— Tu étais affreux et superbe, mon Frederico ! Tu ressemblais, comme disait ma mère, à un archange foudroyé, mais menaçant et beau encore après sa chute.

— Elle disait cela, ta mère...

— Frederico, mon ami, ne penses-tu pas quelquefois, avec délices, à notre vieux château ?

— Oui, oui..... quelquefois, mon ange... avec délices.... Oui. Ce château est pour moi rempli de souvenirs.

Il n'y avait qu'une jeune femme amoureuse qui pût se tromper à l'accent de ces dernières paroles. Si Valmonto avait été présent à cet entretien, il aurait vivement repris son ami de se trahir ainsi. Car Valmonto comme Frederico eût vu soudain se dresser le spectre d'Angeli à l'évocation du vieux manoir féodal.

Fiorina ne remarqua rien et continuant sur le même ton :

— Ils disent tous que ce pays est triste... Oh! rien n'est plus joyeux que ce lac, ce bois, ces tourelles, ces grands pins. J'avais une chambre adorable, un balcon entre deux tiges d'aloës qui semblaient le soutenir, et de là je voyais lever le soleil, et je pensais à toi.

— Chère Fiorina !

— Sous ces grands arbres à la verdure sombre et mystérieuse, j'aimais à te faire revivre par la pensée tel que je t'avais vu le lendemain de ton arrivée, lorsque tu voulais brusquement nous quitter.

— Et où tous vous me fîtes de si douces instances que je ne pus partir. Je n'oublierai jamais ce jour.

— Frederico, mon doux seigneur, je veux

te demander une grâce, une grâce qui me rendra bien heureuse.

— Une grâce, à moi, ma douce reine?

— Oui, me l'accorderas-tu ?

— Puis-je te refuser quelque chose, mon amie, dans tout ce qui est en mon pouvoir de te donner?

— Écoute, Frederico, — dit la jeune femme avec une grâce irrésistible de geste et de regard, — écoute : Cette ville est inhabitable dans cette saison; toutes les familles nobles s'en éloignent. Partons aussi, et allons attendre l'hiver dans ce vieux château, où j'aurai tant de bonheur à te voir, aujourd'hui que tu es mon mari...

Ces paroles de la jeune femme rembrunirent le front de Frederico. Son œil si doux d'ordinaire devint sombre tout-à-coup, presque menaçant, au point que Fiorina effrayée lui dit en tremblant :

— Eh bien !... vous ne me répondez pas, comte Frederico ?...Comme il me regarde !... Ce que je te demande, n'est-il pas en ton pouvoir de me le donner ? T'ai-je déplu en le demandant ?

— Certainement..oui..cela est en mon pouvoir, — dit Frederico avec un effort suprême, — j'aime tant ce château, moi aussi. C'est là qu'a commencé mon bonheur.

— Et moi, je déteste la ville, Frederico, l'été surtout... d'ailleurs, l'air est très malsain à Rome.... mon père et Urbino le disaient encore hier.

— Oh ! très malsain ! — dit Frederico, sans penser à ce qu'il disait et ne sachant comment sortir de cette situation.

— Tu en conviens, toi-même, mon Frederico.... je savais bien que tu me ramènerais à la campagne...

— Certainement, ma bien-aimée, que nous reviendrons à la campagne.

— Oh ! que je serais heureuse de revoir notre vieux château avec toi, mon Frederico ...! Aussi à ton insu, je me suis donné, ce matin, une petite permission que tu approuveras...

— Voyons... parle... Fiorina.

— Comme il dit cela d'un air méchant !... j'ai donné ordre à Vincenzo de choisir de bons ouvriers à Rome, pour nous préparer une belle chambre ; et sais-tu la chambre que j'ai choisie, celle que tu aimes tant à cause de Michel-Ange ; celle où tu as reçu l'hospitalité du proscrit... Frederico, je vois à ton air sombre que je me suis trompée... tu ne m'approuves pas ?

Certes, il eût été difficile de ne pas voir sur le visage de Frederico que quelque chose de terrible et d'inusité se passait en lui. Sa figure se rembrunissait de plus en plus à chaque parole de la jeune femme. Il faut avouer que celle-ci jouait de malheur dans le choix de ses premiers désirs.

Cependant Frederico était trop habile à maîtriser ses passions et ses idées les plus rebelles pour se laisser ainsi longtemps dominer par une situation difficile. Après une pause d'un instant :

— Fiorina, — dit Frederico qui avait repris graduellement son énergie, — ma belle Fiorina, il m'est impossible de me décider à aimer ton château, comme tu l'aimes. Une seule chose l'embellissait à mes yeux, c'était ta présence. Mais si un vieux manoir baigné par un lac mort, et ombragé par une forêt de bandits, est une habitation agréable quand tu l'habites, quel charme n'aura pas à mes yeux une de ces belles maisons de campagne, d'Albano ou de Tivoli? C'est le plus charmant coin de terre qu'il y ait au monde. Un air pur, des eaux vives, des arbres joyeux, des parfums de collines, de poétiques souvenirs : partout la grâce et l'amour.

Ces dernières paroles, prononcées par une voix mélodieuse, dans cette langue romaine qui est la musique de la conversation, donnèrent l'enchantement à l'âme de Fiorina. Il est si facile de tromper un cœur aimant, que l'on ne comprend pas la volupté barbare qu'éprouvent certaines gens à le torturer. Le son de la voix de Frederico avait plus fait sur la jeune femme que toutes ses raisons. Du moment où il lui parlait ainsi, Fiorina ne pouvait plus résister. Que lui importait d'ailleurs l'endroit où elle se trouverait, pourvu qu'elle y fût avec cet époux de son choix auquel elle avait lié sa destinée; que lui importaient les ombrages et les eaux du manoir paternel, pourvu qu'elle entendît sans cesse à son oreille cette voix suave qui l'avait ravie ?...

Elle oublia donc le manoir de Vico, et mettant sa voix à l'unisson de la voix de son mari :

— Et mon beau seigneur, dit-elle, a-t-il une de ces belles maisons qui font attendre patiemment le paradis ?

— Ce qu'on n'a pas aujourd'hui, répondit Frederico en riant, on l'a demain. J'ai oublié l'acquisition d'une villa d'été avec des ombrages et des eaux vives, dans mes préparatifs de mariage. Mais c'est un oubli qui peut se réparer aisément et promptement.

— Et comment?

— Avec de l'or.

— Il a toujours raison, mon Frederico, — dit la jeune femme dans l'exaltation de sa joie. — tu ajouteras donc encore ce présent aux richesses de ma corbeille de noces?

— Tu sais, Fiorina, que mes promesses sont des dons.

— Oui, Frederico; pour toi, promettre, c'est donner, je le sais. Tu es le plus généreux des maris.

— Alors, il est inutile, mon ange, d'envoyer Vincenzo à ta vieille citadelle de Vico.

— Je n'y songe plus, mon beau seigneur; je ne veux aimer que ce que tu aimeras.

— Tu as raison, mon ange; car je mettrai toute mon ambition à satisfaire tes moindres désirs.

— Il est si bon, mon Frederico! Et quand aurons-nous cette villa?

— Tu sais, Fiorina, que notre ami Valmonto, qui s'est dévoué à terminer seul la restautation des fresques de la galerie, arrive demain de ton château, et dès qu'il sera de retour à Rome, je l'envoie à la recherche d'une acquisition du côté des montagnes. Il y a toujours quelque chose à vendre de ce côté; toujours quelque Anglais, ennuyé de son domaine champêtre, après quinze jours de possession, et qui a eu l'obligeance de meubler avec luxe la demeure d'un successeur. Valmonto sait très-bien conduire ces sortes d'affaires et y trouve un charme particulier, à cause des Anglais qui l'amusent. C'est une nation qu'on trouve partout dans l'univers pour ses menus plaisirs. Ainsi, mon ange adoré, attends jusqu'à demain, et Valmonto de retour se mettra aussitôt en campagne pour trouver la villa.

— Ta complaisance est adorable, cher Frederico, — dit la jeune femme en se levant, — je suis fort aise, d'ailleurs, que ce pauvre Valmonto abandonne le château, où il doit bien s'ennuyer, seul, au milieu de ces paysages sombres.

— Il travaille : le travail sauve de l'ennui, Fiorina. Valmonto a la passion de la peinture, et là, il l'exerce en grand, tout à son aise. Comme il doit se prélasser, sur un échafaud et devant ces grandes fresques de Solimène! Je le vois d'ici tout absorbé par son travail et barbouillé de couleurs.

Un long éclat de rire accueillit ces paroles de Frederico. Toute trace d'orage avait disparu.

Les deux jeunes époux montèrent dans la calèche qui les attendait à la grille de Villa-Borghèse, et ils se rendirent à leur maison de San-Lorenzo-in-Lucina, où ils trouvèrent le comte et la comtesse Vitelli et Urbain.

A Rome, rien n'avait été changé des habitudes du manoir de Ronciglione. On vivait comme sur les bords du lac de Vico, en famille unie et heureuse, et le moins heureux de tous n'était pas Urbain, qui jouissait doublement et de son propre bonheur et de celui de sa sœur, qu'il aimait tendrement. Le comte Vitelli n'avait jamais eu de sérénité plus parfaite que celle de ces jours fortunés. Il avait trouvé dans Frederico un gendre parfait qui n'oubliait aucune de ses promesses, et qui, au plus beau quartier de sa lune de miel, avait su dérober une heure à l'amour pour approfondir et discuter la grande question économique du dessèchement des Marais Pontins. En outre, ce gendre avait un ami qui était le plus fort des Romains sur les études antiques et qui, dans les rares instants qu'il avait passés dans la famille, avait su se faire des amis de tout le monde par la grâce exquise de sa parole, même dans les conversations scientifiques, et surtout par la douce urbanité de ses manières. Ainsi le bonheur avait fait élection de domicile dans la famille Vitelli, et transporté ses pénates des rives du lac de Vico à la maison de San-Lorenzo-in-Lucina.

XIX.

Ce qu'on n'a pas aujourd'hui, on l'a demain, avec de l'or. Ces paroles devaient avoir leur exécution.

Ce précepte de Frederico, qui est le pendant du vieux proverbe italien, remontant à Jugurtha, *tout est à vendre, il n'y a qu'à le payer*, ce précepte, dis-je, trouva, grâce à de mystérieuses ressources et à l'habileté de Valmonto, une facile et prompte application.

Valmonto avait été exact au rendez-vous fixé par Frederico, et il était arrivé à Rome le lendemain du jour de la promenade à Villa-Borghèse. Ne se doutant de rien, il ne pouvait arriver mieux à-propos. Frederico le reçut avec de grandes démonstrations de joie et, devant sa jeune femme, lui fit part de la promesse qu'il avait faite la veille. Valmonto voulait se mettre en campagne sur-le-champ; mais après avoir donné les éloges dus à son dévouement, la famille Vitelli le détermina à prendre quelque repos avant de se lancer vers les ombrages de Tivoli.

Il y avait alors, au fond d'une petite vallée

qui doit être la *valle reducta* dont parle Virgile, une villa délicieuse habitée par un Anglais, nommé Simon Onill, qui, après avoir été marin, méthodiste, industriel savant, astronome, philanthrope, architecte, professeur de chinois, quaker, aubergiste, jongleur indien, député d'York, se décidait à finir sa vie en n'étant rien du tout.

Il habitait cette villa et passait la journée à regarder couler l'Anio, fleuve qui était bien tenté de remonter vers sa source, comme le Jourdain, en entendant les vers de Virgile, prononcés sur ses rives avec l'accent anglais.

De pareilles existences émaillées de toute espèce d'accidents ne sont pas rares chez nos voisins d'Outre-Manche; et cela se comprend aisément quand on réfléchit deux minutes à l'incommensurable somme d'ennui qui doit s'amasser dans des cerveaux sans cesse humectés de brouillard.

Valmonto, muni de bons renseignements, trouva Onill au moment où il épouvantait l'Anio, en lui déclamant *Taïtaïre, tiou petioulé, riquioubens, sioub tigmaïni fégé.*

Ce qui signifie :

Tytyre, tu patulæ recubans sub tegmine fagi.

Ces beaux vers du poète latin, horriblement défigurés en passant par cette bouche anglaise, avaient cependant un certain charme pour l'ex-professeur de chinois. Il les appliquait à sa situation présente, se comparant au Tytyre de l'Églogue et cherchant le Mélibée qui viendrait lui donner la réplique, lorsque Valmonto parut à l'horizon de la villa.

L'Italien ne venait pas précisément trouver dans des intentions pastorales l'homme qui avait fait tant de métiers. N'importe, la présence de cet étranger causa une surprise agréable à Simon Onill, et il eût volontiers ri dans sa barbe, si son menton, comme celui de tout bon Anglais, n'eût été rasé de frais dès le matin, sans doute pour faire honneur à l'excellente coutellerie de Birmingham.

— Monsieur, dit Valmonto en l'abordant, j'ai entendu dire, il y a quinze jours, à Londres, au club de *Pall-Mall*, que vous étiez mort, bien mort, et enterré par-dessus le marché!

— Oh! c'est très-amusant! dit Onill; on disait cela?

— Alors, un monsieur de vos amis, poursuivit Valmonto, a ajouté : Voilà justement le métier que Simon Onill n'a jamais fait. Il est écrit qu'il les fera tous avant de nous quitter.

— Le métier de mort! C'est très-badin! dit Onill, en roucoulant un éclat de rire sérieux.

— J'ai parié mille livres que vous étiez on ne peut plus vivant, continua Valmonto, et comme j'ai gagné mon pari, je consacre cette somme à l'achat d'une villa sur les bords de l'Anio. Je suis parti de Londres dès que cette petite affaire a été réglée, et me voici dans la campagne de Rome en quête d'une villa.

— Vous saviez que j'étais vivant, quand vous avez parié? — demanda Onill en se dandinant.

— Oh! non. Si je l'avais su, mon pari n'aurait pas été délicat. J'ai parié au hasard. On a écrit de Londres à la chancellerie anglaise de Rome, et la réponse m'a donné gain de cause. Je viens donc vous remercier de m'avoir fait gagner mille livres, pour avoir eu la bonté de n'être pas mort. On n'est pas plus aimable que vous.

— Vous m'aviez donc connu, monsieur? demanda l'Anglais avec inquiétude.

— Oui, monsieur, quand vous étiez professeur à l'Université d'Oxford, et aubergiste au *Lion-Rouge*, à Cantorbery. Mais, sans vous connaître, j'aurais fait le même pari.

— Ah!

Onill ne prononça que ce monosyllable, qui roula longtemps sur ses lèvres.

Il y eut un moment de silence, pendant lequel Onill parut se livrer à de profondes réflexions. Ce silence n'était pas ce que désirait l'Italien. Aussi, après avoir attendu quelques minutes une parole qui ne venait pas, reprit-il la conversation qui menaçait de tomber.

— Je me suis fait un devoir de vous remercier, dit Valmonto, et maintenant je vais faire mon acquisition, ici près, dans le voisinage, et j'espère devenir votre voisin, et vous voir tous les jours.

— Vous espérez cela? dit Onill d'un air soucieux.

Il était évident que ce voisinage lui plaisait moins que celui des nymphes de l'Anio qui, pendant quelques années, avaient charmé des loisirs assez chèrement achetés. Valmonto, qui lisait sur une face britannique ce qui se pensait au fond du cœur, comme dans un livre ouvert, saisit au vol cette pensée sérieuse qu'il avait fait naître, et se disposa à en tirer parti à son bénéfice.

Il laissa l'Anglais en proie à son anxiété, puis, reprenant :

— A moins, ajouta Valmonto, que vous ne trouviez plaisant de me vendre votre villa pour la somme que j'ai gagnée, en pariant contre votre mort, et qui est encore dans mon portefeuille.

— Oui, dit l'Anglais, oh! oui, je trouverais cela assez plaisant; la plaisanterie qui se continue est la seule qui amuse.

— Eh bien! monsieur Onill, je vais faire un petit voyage de deux mois à Naples, et à mon retour nous traiterons. Que pensez-vous de ma proposition?

— Deux mois,—dit l'Anglais en secouant la tête, — ce n'est pas dans mon caractère d'attendre deux mois. Voici ma devise : tout de suite ou jamais.

— Tout de suite, soit, — dit Valmonto, après une minute de réflexion simulée. Votre devise deviendra la mienne.

— Je trouve cela très-plaisant, ajouta l'Anglais en riant avec modération, et je m'amuse beaucoup.

On fixa l'heure et le jour pour dresser l'acte d'achat et de vente, et tout fut dit. Onill et Valmonto se séparèrent.

L'Anglais ne se doutait pas, quand tout fut consommé, qu'il avait donné, tête baissée, dans un piége italien. Il est vrai que jamais piége ne fut plus habilement tendu. Il disparut aussitôt sa villa vendue et payée, et alla chercher quelqu'autre coin de terre où fût inconnu le mystère de ses existences antérieures.

Mais en fuyant il emportait une blessure mortelle qui devait lui faire redouter les voisins.

Frederico, devenu propriétaire de la villa d'Onill, s'installa dans cete délicieuse résidence avec sa nouvelle famille, et Valmonto prit encore un congé pour aller, disait-il, travailler au château de Vico, malgré les instances du comte Vitelli, qui voulait le retenir. en soutenant que la restauration des fresques n'avait rien de fort urgent, puisqu'on l'attendait avec beaucoup de patience, depuis 1527, et qu'on l'aurait attendue encore sans l'heureuse arrivée des proscrits.

Cette objection n'arrêta pas Valmonto, qui donna des raison d'artiste, mollement approuvées par Frederico et Urbain. Valmonto était un ami, mais un de ces amis qui gênent quelquefois.

— Votre manoir de Vico me plait, dit Valmonto au comte Vitelli, parce que j'aime la solitude et les paysages. Si j'ai consenti à accompagner Frederico, c'est uniquement à cause de la vieille amitié qui m'unit à lui; amitié qui me force toujours à prendre ma part de ses peines et de ses joies. Mais, comte Vitelli, je ne dois pas cependant oublier ce que ma position a de délicat à Rome. Si Frederico a sa grâce, je n'ai pas la mienne, et je suis encore comptable de mes actions envers le gouvernement de mon pays. Ici, je sais bien que votre haute protection me couvrirait et me serait une sûre sauve-garde. Mais tenez, à ces ombrages si riants et si frais je préfère les sombres cyprès du lac de Vico : ils s'harmonisent mieux à mes pensées. Laissez-moi retourner dans cette solitude que j'aime, reprendre des pinceaux qui me consolent et me distraient en même temps. En suivant mes goûts, vous ferez une bonne action.

Ces dernières paroles furent dites par Valmonto avec une suavité mélodieuse qu'on ne trouve que sur des lèvres italiennes. Cette langue, héritière directe du latin, est véritablement la langue de la séduction. Toute la famille était profondément émue. La comtesse Vitelli essuya même à la dérobée une larme furtive qui glissait entre ses cils. Après un pareil langage, il était impossible d'ajouter de nouvelles instances ; le devoir de l'amitié était de s'abstenir : Valmonto fut donc rendu à la liberté.

Le soir même, après de tendres adieux

échangés sous les ombrages, il partit pour le manoir de Vico.

Alors commença, pour cette famille, une vie de bonheur qui semblait se réfléchir dans l'azur du ciel et les eaux calmes de ces jardins. La villa réunissait toutes les conditions de sérénité douce, poursuivies dans les rêves de l'homme. Les ombrages des bois, les harmonies des campagnes, le velours des hauts gazons, le charme de la retraite, les joies de la famille, et la richesse, cette magicienne aux mains d'or, qui ne fait pas le bonheur, mais ne le gâte jamais.

Fiorina s'abandonnait aux énivrantes émotions de cette vie, avec cette foi naïve dans l'avenir, que l'inexpérience met au fond des jeunes cœurs : elle ne voyait autour d'elle que des figures aimées, des sourires charmants, des horizons tranquilles, toutes les tendresses, toutes les joies, tous les amours ; et, au milieu de ce tableau domestique, son heureuse mère, *qui se réjouissait de ses enfants*, comme parle le prophète-roi (1).

On a bien raison de dire qu'il n'y a rien d'aussi fugitif et d'aussi trompeur ici-bas que le bonheur, et que la foudre la plus terrible est celle qui éclate subitement dans un temps serein.

Un soir, un peu avant le coucher du soleil, toute la famille Vitelli était réunie sous une treille, suspendue comme un balcon verdoyant sur une anse de l'Anio. Urbain dessinait une vue du Temple de la Sibylle, dont la colonnade brisée recevait le dernier sourire

(1) Matrem filiorum lætantem.

du soleil : Fiorina suivait du regard le crayon de son frère ; et, par intervalles, le travail et l'entretien étaient suspendus, et ils écoutaient tous la lointaine mélodie des cascatelles, qui continue depuis dix-huit siècles l'hymne des poètes romains.

Jamais soirée plus délicieuse n'avait été éclairée par les derniers rayons du soleil italien. Tout dans les airs était harmonie et parfums. Au milieu de cette atmosphère sereine, il y avait un charme inexprimable dans cette réunion, où tous les cœurs pouvaient s'ouvrir sans craindre de rencontrer un cœur indifférent. La conversation languissait cependant, car chacun aimait mieux se plonger dans la rêverie, que d'échanger ces paroles complaisantes qu'on dit avec tant de prodigalité dans un salon.

Trois hommes de mine suspecte parurent subitement sous la voûte de la treille, et saluèrent d'une façon équivoque et peu rassurante.

Un de ces hommes fit cette question :

— Le comte Vitelli?

— C'est moi, dit le comte.

— Le comte Frederico Nola?

— C'est moi, dit le jeune époux.

— Comte Vitelli, — demanda le même personnage, — connaissez-vous un homme appelé Valmonto?

— Sans doute, répondit le comte Vitelli; c'est un de mes bons amis. Il était ici il y a quelques jours à peine.

— Savez-vous où il se trouve en ce moment?

— Il est à mon château de Ronciglione.

— Et que fait-il à votre château de Ronciglione, pourriez-vous nous le dire?

— Oh ! ce n'est pas un mystère, il restaure les fresques que mes aïeux avaient obtenues du pinceau de Solimène-le-Napolitain, et qui avaient été dégradées par les lansquenets, en 1527.

— Il peint des fresques! l'imagination n'est pas mauvaise, dit l'étranger en riant d'une façon sinistre.

— Ah çà! monsieur, dit Vitelli, avant de venir troubler ainsi une honnête famille dans son repos et de l'importuner de vos questions, vous auriez dû au moins...

— Quoi! vous dire mon nom?... Oh! mon nom n'est pas nécessaire dans l'affaire qui m'amène à cette villa, et il ne vous apprendrait rien. Ainsi, je le tais.

— Mais enfin, monsieur, pourquoi cette brusque visite, à cette heure?

— Voici l'ordre signé du cardinal Somaglia, — dit l'homme en ouvrant son habit et montrant les insignes de sa profession. —Toute résistance est inutile. Un détachement de dragons pontificaux est à la grille. Vous êtes arrêtés. Comte Vitelli, et vous, comte Nola, suivez-nous.

Les deux femmes poussèrent un cri lamentable. Frederico se précipita dans le fleuve, et Urbain reçut dans ses bras sa mère et sa sœur évanouies.

Rien ne saurait dépeindre cette scène de désolation.

Le comte Vitelli ne put obtenir une minute pour donner des soins à sa famille. Les ordres étaient inexorables : on ne le conduisit pas, il fut enlevé.

Il n'avait pas été aussi facile de s'emparer du mari de Fiorina.

Pendant que ces choses se passaient sous la treille, un des sbires, après avoir fait feu de ses deux pistolets sur Frederico, s'était jeté à la nage à sa poursuite. Ils atteignirent la rive opposée presque en même temps. Frederico, ayant le sbire sur ses traces, fuyait, avec l'agilité que donne le péril, vers l'abîme où le fleuve s'écoule en deux cataractes. A cette extrémité du terrain, plus d'issue. Les arbres et les buissons se hérissent de tous côtés; les gueules béantes du gouffre se veloutent de gazons spongieux, où le pied n'a plus d'appui. La terreur de l'eau, le fracas de la chute, la désolation du paysage, l'approche des ténèbres glacent le sang du plus brave et enlèvent son énergie au plus fort.

Frederico, tout couvert du nuage d'écume qui flotte sur la cataracte, s'arrêta, et, s'étançonnant de son pied droit contre la dernière roche saillante qui sifflait. en divisant une trombe du fleuve, il attendit le sbire romain. Une lutte terrible s'engagea corps à corps. Chaque secousse de ces deux lutteurs précipitait dans l'abîme des lambeaux de ce terrain miné par les siècles; et les combattants, quelquefois suspendus sur le vide, après l'écroulement du point d'appui, se cramponnaient aux arbres inclinés vers le gouffre, se balançaient avec eux, et, rejetés sur le plateau glissant par des élans convulsifs et surhumains, ils se saisissaient encore avec toute la furie des antiques lutteurs. Frederico, souple comme la panthère, tenta un coup décisif; dardant sa tête horizontalement, comme un bélier romain, sur la poitrine de son ennemi, en brisant le bouclier des mains, il incrusta ses dents aux muscles de son cou, et en arracha un horrible lambeau de chair ; le sbire poussa un cri fauve et chancela : Frederico le saisit à la ceinture, le précipita dans l'abîme, et le suivit quelque temps des yeux, ricochant à toutes les roches saillantes des cataractes croisées, et se perdant au fond du gouffre avec la dernière lueur du jour.

Cette triste victoire ne donna pas un instant de joie au malheureux vainqueur : il fit même un mouvement significatif vers l'abîme, et le regarda les bras croisés, avec une sorte de convoitise, comme un malade désespéré regarde le remède sauveur. Puis il lança un mélancolique regard vers les arbres lointains que le soleil de ce jour lui avait encore faits si beaux, et frappant son front avec ses mains, il se dirigea vers la chaîne de montagnes qui se prolonge à l'horizon du Midi.

XX.

C'était une expédition de la justice romaine admirablement conduite ; elle venait ainsi troubler le bonheur d'une famille qui paraissait si digne de le savourer. Le mystère et l'habileté de cette arrestation montrent l'importance que le gouvernement y attachait. Le criminel recherché ne pouvait être le comte Vitelli, vieillard simple et bon, connu de toute la noblesse romaine pour ses mœurs patriarcales, et qui, dans sa longue vie, n'avait jamais su faire de mal à personne. C'était donc son gendre, le comte Frederico Nola, et ainsi l'accusé échappait à la justice.

Ceci exige de nous quelques explications.

Dans la noblesse italienne tout le monde se connaît ou à peu près et chaque famille sait les ressources des autres familles dans lesquelles elle peut rechercher une alliance. Chez elle, être pauvre n'est pas une déchéance; c'est un accident, et tel seigneur italien qui souvent est embarrassé pour les nécessités de la vie quotidienne possède un palais et des richesses artistiques d'une valeur incalculable, auxquelles il tient autant qu'à son existence propre et comme reliques de famille et comme traces de l'antique splendeur de ses aïeux. Ainsi l'on ne sera pas étonné de voir la noblesse italienne se mouvoir dans ses petits comités à la nouvelle du prochain mariage de Fiorina Vitelli avec le comte Nola de Milan. On se demandait quel était ce comte Nola, inconnu jusqu'à ce jour et dont le nom n'avait encore figuré sur aucun acte public à côté d'un nom de grande famille. De plus, cette richesse dont il faisait si volontiers l'étalage fastueux, on se demandait quelle était la source qui l'alimentait ; on ne connaissait rien à Milan ni ailleurs sous le nom de Nola.

Tout cela se disait à petit bruit, discrètement, à l'oreille parmi la haute société romaine, pendant que Frederico, retiré avec la famille Vitelli dans sa villa d'Albano, savourait les délices de la lune de miel.

Une autre accusation plus directe partit tout-à-coup de l'ambassade britannique.

Dans la colonie anglaise qui habite Rome ou qui la traverse, un bruit s'était tout-à-coup répandu qu'il y avait en circulation de faux billets de la banque d'Angleterre. La police, excitée par la chancellerie, se mit avec ardeur aux perquisitions, et M. Simon Onill s'étant présenté à l'office de *Piazza Madama* pour le visa de son passeport, il fut interrogé sur la vente de sa maison de campagne, montra ses billets, qui furent soumis à un examen délateur, et mit les limiers de la police sur les traces des coupables, ou du moins des émissaires de fausses *banks-notes.*

On se rendit d'abord au château de Vico, parce que le nom du comte Vitelli figurait sur le contrat de vente, et qu'on supposait avec raison que la fabrication de cette monnaie avait eu lieu dans ce manoir, qui favorisait le crime par son isolement. On ne trouva au château que la vieille Francesca. Elle dit aux gens de police que le château était momentanément abandonné par ses maîtres qui étaient à Rome où ils se rendaient d'habitude chaque année dans cette saison. Que c'était à eux qu'il fallait s'adresser si l'on désirait d'autres renseignements. Du reste, elle donna exactement leur adresse à la maison de *Via Ripetta.*

La police se lasse difficilement dans ses interrogatoires. Ce qu'elle avait appris l'intéressait peu et il lui fallait des réponses plus claires. Elle pressa donc de questions la vieille fille, qui répondit :

— Je ne sais si ce que je vais vous dire est bien ou mal ; mais c'est la vérité. Nous avons reçu dans ces derniers temps un proscrit milanais, le comte Nola, qui a reçu ici sa lettre de grâce. Le comte Vitelli, mon noble maître, ne le connaissait pas avant de lui donner l'hospitalité de sa maison. Le comte milanais amena bientôt deux de ses amis, dont l'un partit au bout de quelque temps, l'autre resta avec le comte Nola. Le seigneur Valmonto a accompagné son ami à Rome et est ensuite revenu seul. Il est même en ce moment à Ronciglione. Si vous avez besoin de lui, c'est là que vous le trouverez ; le seigneur Valmonto passe les nuits à l'auberge de Ronciglione, et il ne va pas tarder d'arriver, à l'heure ordinaire, pour travailler aux fresques; travail, ajouta-t-elle, qui ne l'occupe pas beaucoup, car il est presque toujours dans la chambre du bastion.

Un des agents fit descendre la vieille femme aux salles basses, pour la garder à vue, et deux autres montèrent à la chambre du bastion, et se cachèrent dans l'obscure salle d'armes où était inhumé le cadavre d'Angeli.

Après plusieurs heures d'attente, Valmonto entra dans la première chambre, en fredonnant une cantilène, et ceux qui étaient aux écoutes comprirent que le travail du faussaire venait de commencer, car un vigoureux coup de marteau retentissait par égaux intervalles, toujours accompagné d'une formule d'approbation que Valmonto s'adressait à lui-même.

Les limiers de police gardèrent longtemps leur poste d'observation. Ils étaient au comble de la joie du succès de leur entreprise qui leur paraissait assuré. C'est pourquoi ils attendaient patiemment, afin de saisir toutes les pièces de conviction aux mains du coupable et de ne pas tout compromettre par une trop grande précipitation. Retenant leur haleine, ils écoutaient avec anxiété chaque coup de marteau, craignant que le travail ne fatiguât le bras; mais le travailleur était infatigable.

Un incident imprévu et fortuit précipita la catastrophe.

La chute d'un corps pesant résonna dans la salle d'armes, et fit pâlir Valmonto, comme s'il eût entendu monter une plainte de la tombe d'Angeli.

Le faussaire se leva, tout convulsif de cette terreur qu'inspirent aux plus braves les choses surnaturelles, et il regarda quelque temps d'un œil fixe la porte de la salle funèbre avant de s'y hasarder.

L'éclat du jour lui rendit un courage que la nuit refuse toujours aux imaginations nerveuses ; il se décida donc à visiter la tombe d'Angeli, et à peine eut-il fait quelques pas, qu'il vit se lever dans les ténèbres une apparition menaçante qui marchait à lui.

Valmonto se précipita la face contre terre, et quand il se releva, il était garrotté par deux sbires de la police romaine, qui se tenaient à ses côtés.

— Ce n'est pas moi qui l'ai tué ! s'écria-t-il. Je vous jure que ce n'est pas moi !

Deux crimes au lieu d'un étant ainsi révélés, et l'effroi du coupable favorisant les aveux, on fouilla le plancher de la salle, et on découvrit le cadavre d'Angeli, sous sa couche de poussière.

Un instant après, on enlevait aussi l'atelier du faussaire, avec les poinçons, les papiers, les clichés, les encres et tous les ustensiles de la criminelle fabrication.

Cette expédition faite et terminée heureusement, les pièces de conviction convenablement mises sous des scellés aux armes pontificales pour l'édification complète des juges, les sbires se mirent en route pour Rome où ils avaient hâte d'arriver, car ce qu'ils avaient saisi au château du lac n'était que la moitié de la capture confiée à leur intelligence et à leur activité. La vieille Francesca, remise en liberté, après le départ des sbires romains, croyait avoir fait un mauvais rêve, tant cette expédition avait été promptement menée à bonne fin. Son interrogatoire lui pesait comme un cauchemar, et souvent dans les jours suivants elle se demandait si elle n'avait pas été victime de quelque hallucination mauvaise et si ce qu'elle avait vu était bien la réalité.

Le lendemain de cette descente au château de Vico, les agens de la police romaine achevèrent leur ouvrage à la villa du comte Vitelli, comme nous l'avons vu.

Valmonto et le comte Vitelli furent enfermés dans les prisons du château Saint-Ange et tenus à un secret rigoureux.

La procédure commença bientôt. Valmonto

plaida lui-même chaleureusement la cause du comte Vitelli, et se reconnut seul coupable.

Nous avons oublié de dire que la prévention avait écarté l'accusation d'assassinat; qu'importait en effet à la justice romaine un homme de plus ou de moins, quand cet homme était un inconnu dont on ignorait même le nom et pour lequel personne ne venait réclamer les vengeances de la loi? D'ailleurs, d'après ce qu'avait appris la justice dans l'instruction, cet homme n'était-il pas un complice des faussaires et dans ce qui lui était arrivé ne devait-on pas voir une punition juste, quoiqu'anticipée, de son crime? Ainsi pensèrent les juges romains.

Resta donc l'accusation de falsification de billets de banque britannique et ici, nous l'avons dit, Valmonto faisait peser sur lui tous les torts et lavait entièrement Vitelli de toute complicité.

Au moment où les juges allaient prononcer, un grand bruit se fit entendre dans la salle, et le comte Frederico parut, avec un visage et un costume qui annonçaient plutôt un spectre échappé de la tombe qu'un être vivant.

D'où venait cet homme? que voulait-il? Nul ne le savait, et cependant la foule s'écarta respectueusement sur son passage, comme devant une infortune inouïe, et il put ainsi pénétrer librement jusqu'à la barre de l'auguste tribunal, grave comme la loi. Là, d'une voix tonnante :

— Voici le coupable ! s'écria-t-il, il n'y a d'autre criminel que moi.

— Il ment ! s'écria Valmonto. Il veut sauver son père, et son beau-père est déjà sauvé !

— Cet homme n'est pas en cause, — dit le président en désignant Frederico, — qu'on le fasse retirer.

Les soldats s'emparèrent du comte Frederico et l'entraînèrent de vive force hors de l'enceinte du tribunal.

Ce ne fut pas sans peine que les soldats parvinrent à maintenir les efforts de ce furieux que la foule, curieuse dans tous les pays, suivait indécise de savoir si elle devait prendre parti pour lui ou contre lui. Enfin on arriva à la porte du Peuple, et là, les soldats le lâchèrent dans la campagne, le menaçant de leurs armes s'il tentait de rentrer dans la ville. Ils n'avaient pas besoin de cette recommandation. Le premier moment d'exaltation passé, Frederico avait réfléchi à sa position excentrique. Les paroles de son ami Valmonto, retenues involontairement dans son esprit, bourdonnaient à son oreille et le ramenaient au sentiment de la situation présente. Il songea donc à se mettre en sûreté, et bientôt il disparut aux limites de l'horizon romain.

Cet incident avait jeté un tel trouble dans l'audience que les juges pensèrent qu'il était convenable de renvoyer à un autre jour le prononcé du jugement. Ils se séparèrent donc sans avoir statué sur le sort des prisonniers, toujours détenus au fort Saint-Ange, et ajournèrent une sentence attendue par toute la société romaine avec anxiété.

Cette affaire n'ayant pas été instruite avec ces formes minutieuses et ces investigations patientes qui sont dans l'esprit de la justice française, la sentence, prononcée deux jours après, ne frappa qu'un coupable. Valmonto fut condamné à vingt ans d'emprisonnement dans la citadelle de Civita-Vecchia, à laquelle il fut conduit à peine la sentence rendue.

Mais ce n'était pas sur Valmonto que s'était porté l'intérêt de la société romaine; pour tous Valmonto était coupable. Il n'en était pas ainsi de Vitelli.

Dès le début de l'instruction, toute la noblesse romaine s'était vivement intéressée à cet auguste vieillard, aimé de tous. L'innocence du comte Vitelli n'avait jamais été un instant douteuse: la justice, après l'avoir traité avec les plus grands égards, lui prodigua les consolations; mais ce malheureux père n'écoutait plus rien de ce qui lui venait de la bouche des hommes; il était frappé au front de cette douleur de feu qui prépare la folie ou le suicide. En sortant avec la foule, et dans les ténèbres, il n'entendit pas les cris de son fils Urbain qui l'appelait; il entra au hasard, dans la rue de Borgo-Nuovo, et montant l'escalier des colonnades, il s'y laissa tomber de faiblesse et de désespoir.

Urbain avait perdu ses traces, et comme il n'arrive que trop souvent, en le cherchant avec obstination, il s'était égaré. Il rentra à la petite maison de la *Via Ripetta* en proie à un morne désespoir, et ne reprit quelque courage qu'en présence de sa mère et de sa sœur inconsolables depuis le jour du fatal événement. La nécessité d'en inspirer aux autres fait aussi rentrer l'énergie dans le cœur de l'homme fort, et le cuirasse contre les inclémences de la fortune.

Aux premières lueurs du jour, il eût été fort difficile de deviner si le vieillard reprenait ses sens après un long évanouissement, ou s'il se réveillait après un sommeil léthargique. La figure du comte, autrefois colorée par l'expression d'une figure confiante, ne laissait voir à cette heure que l'empreinte d'un abattement stupide. On aurait pu dire de lui ce qu'Ovide disait, au même lieu, de l'homme qui, frappé de la foudre, a conservé la vie et ne sait pas s'il existe (1).

L'*Angelus* sonna au beffroi de Saint-Pierre, et réveilla tous les clochers de la ville sainte. Cette harmonie matinale se mêla aux chants des oiseaux qui saluaient le jour sur les corniches des colonnades, et la sérénité de l'aurore

(1) *Qui fulmine tactus,*
Vivit, et est vitæ nescius ipse suæ.

descendit de la coupole du monument, comme du sommet d'une montagne arrondie par la main d'un ange. La majesté solennelle de cette place où tout est si grand humilie l'homme isolé, perdu dans sa poussière, et l'oblige à s'élever par la pensée jusqu'à Dieu.

Le comte Stephano Vitelli s'oublia un instant dans cette muette contemplation, et à force de regarder le ciel, au signe de ces pierres muettes qui montent si haut, et entraînent le regard, il ne songea plus à la terre. Par la pente douce du parvis, il arriva sous le porche de la basilique, et entra, au milieu d'une gerbe de rayons de soleil, qui coururent en fusée d'or jusqu'à l'autel, et illuminèrent les colonnes d'airain.

L'église était déserte, et les statues colossales des prophètes, des évangélistes, des martyrs, des confesseurs, alignées, comme l'armée du ciel, dans l'immensité de la nef du milieu, semblaient regarder un seul homme et verser sur lui les paroles mystiques qui guérissent les blessures du cœur.

Le comte Vitelli s'arrêta quelque temps devant la tombe où s'agite, dans un relief effrayant, le squelette de la Mort, vit luire une lame d'acier sur le sarcophage; c'était un poignard que le démon semblait avoir déposé là comme une tentation de suicide. Vitelli ramassa cette arme et la regarda longtemps avec un sourire affreux; puis il la serra précieusement comme une provision d'avenir.

C'est alors que Mateo, l'ami du concierge, passa dans la nef latérale, où Vitelli était assis sur une tombe, devant le squelette de la Mort.

— Votre seigneurie est ici de trop grand matin, lui dit-il, pour être un étranger ou un curieux... vous devez souffrir.

Le comte fit un signe affirmatif.

— En effet, votre visage est bien pâle, ajouta Mateo. La dernière nuit n'a pas été bonne pour vous.... Oh ! Dieu me garde de vous demander quel si grand malheur a pu dévaster ainsi la noble face d'un homme ! Mais vous êtes dans l'hôtellerie de Saint-Pierre, et vous en sortirez guéri. Nous n'avons pas besoin, nous, de connaître le mal pour indiquer le remède.

Mateo prit le bras du comte Vitelli, et le conduisit, ou pour mieux dire le traîna jusqu'à la loge du concierge. Là, tous les soins que le moment exigeait lui furent donnés avec les attentions les plus délicates.

— Vous resterez neuf jours ici, dit Mateo à Vitelli, et quand vous sortirez, vous ne souffrirez plus. Tout homme qui a un ulcère dans l'âme, et qui, dominé par une inspiration, se réfugie comme vous l'avez fait, à l'ombre de nos tabernacles, a déjà commencé sa guérison.

Le père de Fiorina n'avait plus même la force de résister. Il subit la douce influence de Mateo et s'installa dans la loge du concierge du Vatican. L'heureux vieillard prodigua à l'infortuné les soins et les consolations. Dans cette langue si douce à entendre auprès de Saint-Pierre, il lui dit de ces choses qui ne se trouvent que dans le cœur de ceux qui ont mis toutes leurs espérances dans le ciel.

Sous cette douce influence, le malheureux père éprouva quelque allégement à ses douleurs, et écouta cette parole grave et sereine, qui lui disait avec une onction touchante que tous les malheurs dont nous sommes frappés sont une expiation, et que nous devons les accepter en bénissant la main qui veut bien abréger notre temps d'épreuve et avoir les yeux sans cesse fixés sur le but éternel.

Ce jour-là même, le comte Vitelli monta au dôme de Saint-Pierre, et son premier coup-d'œil chercha l'horizon de montagnes où vivait une famille bien chère, et qu'il n'osait plus revoir, depuis que le crime l'avait flétrie en la touchant ; car le monde, dans l'histoire de ses calomnies, ne se donne pas le souci d'un contrôle scrupuleux pour savoir si le crime et l'innocence ne marchent pas quelquefois ensemble sur le même sillon. Le monde aussi tient son lit de justice, après un tribunal, et n'acquitte pas toujours ceux que les juges ont acquittés.

Le comte Vitelli abandonna bientôt cet horizon lointain, ce point inperceplible où se perdait un malheur isolé; il ramena et fit rayonner ses regards sur cette ville qui est le reliquaire de tous les martyrs, depuis les sénateurs massacrés par les Gaulois, jusqu'aux chrétiens de Clément VII, massacrés par les hérétiques. Là, chaque pierre a été un autel de sacrifice; et souvent même, la cité entière, glorieuse martyre, à été violée aux époques fatales, sur un fleuve de sang; puis égorgée, aux feux de l'incendie, sur le bûcher des sept collines, ainsi que l'attestent toutes ces pierres qui pleurent encore, depuis le Môle d'Adrien jusqu'à la tour de Cécilia, et depuis la Rotonde des Vestales jusqu'aux limites du Camp Prétorien, ou des Thermes de Titus.

Aucune autre ville au monde ne peut offrir cette désolation qui console, cette large souffrance qui guérit.

Neuf jours, le comte Vitelli fit le pèlerinage dans les airs, et il respira tous les parfums salutaires que la double philosophie du stoïcisme et du martyre a laissés sur cette terre.

A la fin du neuvième jour, il dit ce mot de l'Évangile : *Je me lèverai et j'irai* (1).

Et ayant serré les mains du concierge et de Mateo, il se dirigea vers sa maison de ville, où sa femme, sa fille et son fils, après avoir abandonné la campagne, s'étaient réfugiés, pour pleurer tant de malheurs auxquels il fallait ajouter la perte d'un mari et d'un père ; aussi

(1) *Surgam et ibo.* (Parabole de l'Enfant prodigue.)

cette famille se sentit presque consolée lorsqu'elle vit reparaître le comte Vitelli. La joie de ce moment fit évanouir le souvenir du passé...

Dans cet intervalle, on avait reçu une lettre de Frederico Nola, ainsi conçue :

« J'ai offert ma tête en expiation d'un crime, » et pour sauver le comte Vitelli.

» La justice humaine s'est contentée d'un » coupable; elle a voulu laisser la vie, la liber- » té, l'honneur au gendre du comte Vitelli, » dont le nom est révéré.

» Je saurai me punir moi-même. Je me con- » damne à un exil de dix ans, et lorsque de » glorieux travaux m'auront réhabilité, j'oserai » venir demander mon pardon.

» L'amour du luxe et de la dissipation folle

» m'ont perdu. Je saurai conquérir les vertus » qui me rendront votre estime ; et si je ne » trouve pas le pardon au bout d'un si long et » si laborieux repentir, je sais comment il faut » mourir, et rendre pur à une famille son hon- » neur que j'ai souillé par le crime.

» FREDERICO. »

Le comte Vitelli lut cette lettre, et sa fille le regardait avec une expression indéfinissable. Lecture faite et profondément réfléchie, le père embrassa la jeune femme en pleurant. et lui dit :

« — Ma fille, quand Dieu aura pardonné, nous » pardonnerons. »

XXI.

Tel est le récit qui me fut fait au dôme de Saint-Pierre. Quand Mateo eut fini de parler, je restai longtemps sans oser interrompre le silence qui nous enveloppait. Les yeux tour-à-tour dirigés sur tous les horizons, je ne pouvais me lasser de contempler la ville étendue à nos pieds, bien plus vivante dans le souvenir que dans la réalité. Enfin je me résolus à parler :

— L'histoire de Stephano Vitelli, dis-je à Mateo, s'explique très-facilement ici, où nous sommes : cette coupole est le belvédère de la consolation.

— Monsieur, me dit Mateo, on composerait non pas des volumes, mais des bibliothèques, avec toutes les histoires de ce genre que nous savons.

— Et avez-vous revu le comte Vitelli ?

— Jamais, monsieur ; il a quitté l'Italie avec sa famille, après avoir vendu ses propriétés... Mais le premier coup de Vêpres sonne, il faut aller à notre devoir.

Nous descendîmes du dôme, et je pris congé, avec un regret infini, de ce bon concierge, qui avait réalisé pour moi l'homme heureux.

— Je quitte Rome bientôt, lui dis-je; mais à mon retour, je ne manquerai pas de venir passer encore quelques moments avec vous.

— Monsieur, me dit-il, cette porte vous sera toujours ouverte, et il y aura toujours une place pour vous sur le vieux banc de ce jardin.

— C'est bien pour vous, lui dis-je, qu'un de vos immortels aïeux, le poète Virgile, a écrit ce fameux vers :

Vivez heureux! . . . . .

— Oui, me dit le concierge; mais mon aïeul

Virgile ne parlait que du bonheur de ce monde ; il ne connaissait pas l'autre... Certainement je crois être heureux, mais je le suis surtout en songeant que le bonheur de là-haut ne manquera pas aussi au pauvre concierge.

Et me montrant, accroché au mur, un portrait de saint Pierre, il ajouta :

— Voilà mon patron, et mon puissant protecteur ; il tient les clés du Paradis.

Ce dernier mot du concierge avait une signification immense, et résumait toute la théorie du bonheur humain. Aucun souci ne troublait donc l'éternelle quiétude de ce vieillard. Heureux en ce monde, il était sûr de continuer son bonheur après sa mort.

Ce soir-là, Rome allume sa *girandola*, pour terminer dignement la fête pascale : c'est le plus beau feu d'artifice que les étoiles puissent admirer. On croirait voir un opéra de Rossini, traduit en étincelles et exécuté sur la plate-forme du château Saint-Ange. Il y a un orchestre d'artillerie qui accompagne, avec des notes sublimes, les cavatines, les duos, les chœurs que font éclater dans l'air les fusées, les chandelles romaines, les bombes, tous les artistes aériens de la pyrotechnie du Vatican. C'est un spectacle merveilleux. On dirait que les étoiles pleuvent du ciel, en entraînant avec elles toutes les chevelures des comètes, et qu'un volcan mêle ses éruptions à cet orage de feu qui dépouille de ses astres le firmament romain.

Aux environs, toutes les pierres se colorent des pâles lueurs de l'incendie, le Tibre cesse d'être jaune et devient le rouge Phlégéton de l'Énéïde, la herse du château Saint-Ange, avec ses noires profondeurs, ressemble à la gueule du Tartare ; des milliers d'ombres errent sur les bords du fleuve, et appellent des bateliers. C'est le sixième livre de Virgile en action.

Malheureux Adrien ! voilà pourtant à quoi sert un tombeau impérial ! Cette leçon devrait bien nous dégoûter, même de l'orgueil des sépulcres. Puissant Adrien ! il voyage sept ans sur la terre d'Égypte ; il bâtit la ville d'Antinoë sur le Nil, une ville délicieuse ; il rapporte à Rome une gerbe d'obélisques et une collection de sphinx pour amuser son peuple : il hache à morceaux une montagne pour se bâtir un mausolée, et plante une forêt de cyprès pour l'embellir. Après cela, il meurt content. Le temps fait un pas ; le môle d'Adrien est baptisé ; on le nomme Château-Saint-Ange, et il sert de théâtre aux feux d'artifice de Rome chrétienne ! Toute la fumée qui couronne l'édifice, dans pareille fête, est l'image de la gloire et de la puissance du divin empereur !

Mieux vaut être concierge du Vatican !

NOTE.

Après avoir hasardé mon opinion sur la pensée chrétienne qui fonda le Panthéon de Rome, après avoir essayé d'établir un parallèle entre l'époque d'Auguste et l'époque actuelle, à l'endroit de notre manie d'imitation anglaise, je ne terminerai pas ce ce livre sans raconter, et cette fois en dehors de toute comparaison, cette révolution morale qui s'opéra dans les esprits, les guerres civiles étant terminées, et Auguste étant le maître de l'univers alors connu. Quand le romancier se fait historien par hasard, il s'impose de sévères obligations; il ne doit jamais citer à faux, même de mémoire : rien n'excuserait chez lui un mensonge, puisqu'il a la ressource du roman. Ceci servira de réponse à deux lettres très-bienveillantes d'ailleurs, mais qui élèvent un doute sur quelques citations ou parallèles faits dans les chapitres précédents.

Avant Auguste, la rudesse des mœurs était grande à Rome, et cela se conçoit très-bien. Les guerres civiles, les disputes du Forum, les tumultes causidiques, les criailleries de la tribune n'étaient pas des écoles de bon goût et de beau langage. *Urbs* n'avait pas encore donné au monde sa noble fille romaine, *Urbanitas.*

Les femmes, recluses au fond de leur gynécée, n'osaient se montrer ni sur la voie publique, toujours envahie par la sédition civile, ni sur les gradins des théâtres. Les jeunes gens, au dire d'Horace, s'y montraient avec une licence qui aurait offensé la pudeur des sévères matrones, poursuivant de leurs galanteries ces belles courtisanes qui avaient déserté Athènes et Corinthe pour suivre les vainqueurs des Grecs ; et encore n'était-ce qu'aux rares moments de loisir laissés par les guerres intestines. Car tous étaient engagés dans ces luttes ; tous prenaient part, qui pour le peuple, qui pour les patriciens ; qui pour la liberté, qui pour la dictature, et servaient leur parti avec une ardeur sans égale. Au reste, qu'aurait pu faire de mieux cette jeunesse romaine, *si rare par la faute des pères*, comme dit le même poète, *vitio parentum rara juventus?* Avait-elle le temps de vivre, d'aimer, de grandir dans ces horribles époques où un dictateur comme Sylla pouvait faire massacrer douze mille proscrits à Préneste? La loi qui punissait d'une amende les vieux célibataires ne trouvait plus même aucune application. Les célibataires ne vieillissaient plus, ils éludaient la loi en se faisant tuer sous quelque drapeau de guerre fratricide. Qu'importait aux jeunes Romains que Sylla leur fît présent de la bibliothèque d'Appellicon d'Athènes? Est-ce que la main qui tient toujours une épée nue peut ouvrir un livre? Des émeutiers permanents ne seront jamais des lecteurs studieux. La turbulence intestine, victorieuse de Rome, imposait silence aux maîtres des élégances, des belles manières et des formes du langage attique ; entre deux batailles civiles, on allait s'instruire et se polir un moment sur les bancs des histrions nomades, des athlètes thaumatopes, des gladiateurs de carrefours, et des belluaires africains.

La même rudesse existait dans la langue latine ; le souffle athénien ne l'avait pas encore purifiée des barbarismes sonores et des prolixités redondantes d'Ennius et de Pacuvius, son neveu. Les éternelles guerres civiles ne donnaient jamais assez de loisirs aux jeunes patriciens pour s'embarquer, aux môles de Brindes et d'Anxur, sur les navires venus du Pirée. L'armée de Mummius n'avait rien rapporté de l'harmonieuse Corinthe, elle avait même laissé à cette ville ses *dieux irrités*. La Sicile, où chanta Théocrite, où les échos du théâtre de Taorminum redisaient encore les plaintes des Océanides de Promethée ; où les bergers de Syracuse racontaient aux pêcheurs d'Agrigente les idylles du maître harmonieux, la Sicile était regardée comme un grenier d'abondance destiné à nourrir les laboureurs romains qui avaient changé le soc de la charrue contre l'épée de la sédition. Aussi, dans le Champ-de-Mars, au Forum, aux curies, aux comices, devant le *Tabularium* du mur capitolin, on hurlait un dialecte guttural, formé de toutes les syllabes barbares recueillies dans les éternelles séditions chez les Parthes, les Scythes et les Pannoniens. La guerre civile, d'ailleurs, n'est pas exigeante à l'endroit des formes du langage; l'idiome le plus grossier convient toujours à la bouche de celui qui cherche son frère pour l'égorger. Caïn n'avait pas une mélodie sur la lèvre, quand il créa la guerre civile dans un désert.

A l'aurore du siècle d'Auguste, un avocat de génie, Marcus Tullius Cicéron, fit beaucoup plus que les historiens romains ses devanciers pour donner au peuple le goût du beau langage, des formes polies et des désinences euphoniques : Cicéron avait un avantage énorme sur les écrivans pour opérer ce résultat salutaire; il parlait en public, et sa musique oratoire ravissait un peuple alors artiste à son insu. Cicéron était le précurseur d'Auguste : il préparait Rome à recevoir la grande époque qui allait venir; il déblayait le forum des broussailles semées par la guerre civile, et, le premier de tous, il appelait les foudres de Jupiter et les *supplices éternels* des lieux profonds sur les mauvais citoyens. *Tum tu Jupiter, æternis suppliciis vivos mortuosque mactabis.* Lorsque l'illustre orateur, arrivé de sa petite maison de l'Aventin, descendait de sa litière devant le temple de la Concorde, un peuple immense accourait pour écouter cette langue des dieux que parlait un homme, et chaque auditeur était un écho vivant qui apportait aux sept collines des lambeaux mélodieux de l'oraison de Marcus Tullius. Les défauts mêmes et cette langue plaisaient à un peuple enthousiaste et contempteur de la sobriété oratoire.

Cicéron avait employé quatre synonymes pour annoncer la fuite de Catilina : *Abiit, excessit, evasit, erupit.* César avait donné en trois mots le bulletin d'une grande victoire : *Veni, vidi, vici.* Le peuple trouvait que la prolixité de Cicéron était bien supérieure à la concision de César. Sans doute Marcus Tullius, homme d'un goût exquis, connaissait très-bien lui-même le vice brillant de beaucoup de ses harangues ; il avait voyagé dans la grande Grèce ; il avait fait un long séjour, en qualité de questeur, en Sicile, où on lui devait la découverte du tombeau d'Archimède ; il savait tout ce que la concision nerveuse et le laconisme pittoresque donnent de prix aux œuvres parlées ou écrites ; il connaissait le sage conseil qui invite à la brièveté lacédémonienne, *breviter tibi more Laconum* ; mais les exigences des clients et les applaudissements publics lui conseillaient bien plus fort la période infinie, l'arabesque de la phrase, la redondance stérile, le *congeries verborum* chéri des plaideurs ; et chez lui le calcul intéressé de l'avocat diminuait trop souvent la gloire de l'orateur. Avec ce dédain systématique de la sobriété, il s'éleva un jour, ou, pour mieux dire, il descendit à l'exorde de l'oraison *pro Marcello*, tour de force inouï dans les annales du barreau de Rome, et le peuple écouta, comme il aurait écouté la gamme d'un citharède, cette merveilleuse période du *Diuturni silentii*, qui, débutant par un génitif, amoncelle les phrases incidentes, fait onduler ses draperies, tourbillonne dans un labyrinthe de syllabes sonores, et pose audacieusement à la fin son verbe et son nominatif. Ce luxe trop souvent pauvre appelait une réaction salutaire. Les jours allaient venir où Virgile devait mettre tout un volume de philosophie en élixir, avec son quadruple *Sic vos non vobis ;* où Tacite devait peindre en quelques mots, *disjecta aut agglomerata*, l'immense tableau de désolation du champ de massacre d'Arminius.

Il fallait que cette grande voix cicéronienne passât sur le Forum et obéît à l'inspiration d'en haut, qui lui criait, comme à l'Apôtre : « *Préparez le chemin du maître* (*Parate viam domini!*) Auguste paraît à l'*atrium* du Palatin, et décrète la latinité de son siècle, la langue du siècle d'or, celle que les prêtres de Janus n'entendirent jamais dans leur temple ouvert. Au signal du maître, les lyres résonnent, Rome écoute, les glaives tombent, les haines s'éteignent, le passé se couvre d'un voile, l'avenir s'illumine de rayons... Des poètes, la veille inconnus, chantaient les épithalames des jeunes vierges, la veillée des fêtes de Vénus, l'hymne séculaire de Rome, les amours de Lycoris, de Galathée ou de Lesbie, et les joies des futurs hyménées que les mères ne redoutaient plus. A ces chants, venus des hauts sommets du Janicule, ou des collines de Tibur, ou des treilles vertes voisines des jardins de Salluste, les portes des gynécées s'ouvrirent, et toutes les femmes romaines, se délivrant d'un long deuil, *longo luctu demisso*, descendirent au Champ-de-Mars, au Forum et aux promenades transtévérines pour accomplir aussi leur mission civilisatrice, et faire disparaître les derniers vestiges de la rudesse des mauvais jours. Il y avait une loi, tombée alors en désuétude et non abrogée, celle dont parle Valère-Maxime, et qui ordonne aux hommes de céder aux femmes le sentier pavé de la rue, *ut feminis semita viri cederent;* on ne trouva pas nécessaire de remettre en lumière cette loi, tant elle fut prompte, la rénovation des mœurs urbaines, grâce aux bons exemples donnés par l'empereur ! L'homme ayant été rendu à sa dignité, rendit, à son tour, la dignité à la femme. On reconstitua ainsi la famille, et sur la terre de la sédition et de l'émeute on créa une société.

Il est hors de doute que l'harmonieuse douceur de cette langue, soudainement popularisée, contribua beaucoup à l'assainissement des mœurs et créa, sous le beau ciel de Rome, un autre climat de mélodie, délices de l'oreille et du cœur. Encore de nos jours on peut se faire une idée juste de l'influence d'une langue musicale sur les mœurs, lorsqu'on traverse la ville de Sienne par un beau soir d'été. Toutes les portes et les fenêtres basses sont ouvertes à la fraicheur du dehors; sur la *Piazza del Campo*, les groupes se forment et parlent; les femmes vont réciter le dernier *Angelus* devant la façade du Dôme. Cette ville charmante, assise sur un plateau des Apennins et qui ne connaît aucun des bruits du commerce et de l'industrie, ne laisse pas perdre une de ses paroles à l'oreille du voyageur. Cette conversation de Sienne est le plus délicieux concert du monde; la plus belle musique le diminuerait; on croirait entendre partout des cascades de gouttes d'or tombant sur des lames d'ivoire, dans un diapason toujours mélodieux, car jamais une de ces malheureuses syllabes de mâchefer, si communes dans les langues du nord, ne vient ternir cette éclatante sérénité de désinences italiennes qui ravissent la cité cénobite des Apennins. Eh bien, jamais, de mémoire de centenaire, un crime n'a été commis à Sienne, parce que sa langue est restée comme l'écho le plus pur des mélodies du siècle d'Auguste et des portiques du Palatin. Chose remarquable ! lorsque Pise et Florence, ennuyées de leur bonheur, tentèrent des guerres fratricides et rougirent de sang les beaux jardins de Ponto-d'Era et d'Empoli, Dante se précipita, l'olivier à la main, entre les deux armées, et fit remettre les glaives dans le fourreau en leur parlant de la sagesse des Siennois dans cette langue qui tombait, ce jour-là, des lèvres de ce poète comme la divine rosée de la conciliation.

Quand, sous Auguste, le peuple se formait ainsi aux belles manières et aux exquises élégances, il voyait naître autour de lui des merveilles dignes de sa langue ; il comprenait aussi que cette prodigalité de colonnes, de statues, de temples, de basiliques, était un hommage impérial rendu à sa dignité. Lorsque d'ignobles et obscurs carrefours, privés d'air et de lumière, s'écroulaient sous le marteau, et qu'à leur place s'élevaient, comme par magie, des habitations neuves, largement exposées au soleil, le peuple comprenait encore qu'une pensée intelligente prenait souci de lui, et que ses anciens tribuns prenaient souci de leur ambition. Un nouveau décret impérial affiché, un matin, au mur du *Tabularium*, acheva de révéler au peuple tout ce qu'il avait à gagner dans l'ordre de choses nouveau.

Pour bien comprendre la valeur de ce nouveau décret, il faut se faire une idée exacte de la position que les guerres civiles et les tourmentes politiques avaient faite à ce même peuple romain, toujours caressé, comme instrument d'ambition, la veille des comices, toujours brisé le lendemain, comme un hochet d'enfant.

Une population d'environ trois cent mille âmes, composée surtout de vieillards, de femmee et d'enfants, erraient à travers la ville, les bourgs, les campagnes, les monts, demandant sa nourriture et son lit de chaque jour à cette Cybèle maternelle qui allait devenir bientôt, au premier vagisssemet du Christ, la Providence des chrétiens. Pour subvenir aux besoins de tant de malheureux, victimes des guerres civiles, l'empereur trouvant insuffisante la loi de l'*annone*, promulguée par le tribun Caïus Sempronius Gracchus, accorda à chaque pauvre une large ration de froment. La loi *Sempronia* était moins généreuse, car elle exigeait un prix, très-modique il est vrai, pour chaque *modius* accordé par le préfet de l'*annone*. Toutefois, l'empereur ne voulait pas donner ainsi à l'oisiveté une prime perpétuelle d'encouragement; il venait en aide aux souffrances abattues; il relevait le moral du peuple, et lui rendait la *force* avant de le convier au travail.

Ce nouveau décret, par lequel Auguste s'investissait lui-même des attributions du préfet de l'*annone*, lui imposait des devoirs plus sérieux, des devoirs providentiels. L'empereur sut les remplir. Tant de pauvres familles demandaient à vivre de l'*annone*, qu'une famine paraissait inévitable dans un très-proche avenir. Tous les matins, à la grande audience nommée *Salutation de César* (*salutatio Cæsaris*), l'empereur écoutait des rapports alarmants :

on lui disait que des navires chargés de blé avaient péri dans la mer Tyrrhénienne, ou dans le golfe de Ligurie, ou dans l'orageuse Adriatique, parce que les ports maritimes étaient insuffisants ou d'un abri peu sûr. Les proconsuls des guerres civiles n'avaient point songé à creuser ou à restaurer des ports : ilsne s'occupaeint que d'élections. Le peuple vint applaudir au *Tabularium* de nouveaux décrets impériaux qui attestaient la sollicitude constante d'Auguste pour l'intérêt des pauvres. Ce que les guerres civiles ne pouvaient faire, la volonté d'un seul l'accomplit. Les navires arrivèrent bientôt sur le double littoral de la Péninsule, apportant les blés de la Chersonèse-Tauride, de la Béotie,de la Sardaigne, de l'Espagne et des îles Baléares. C'était peu encore : l'empereur voulut rendre aussi l'Égypte tributaire de l'*annone:* il envoya donc à cette immense province, conquise et négligée depuis Actium, un proconsul, avec le titre de *préfet augustal.* Ce magistrat fut chargé de restaurer les canaux du Nil, afin de rendre à ce fleuve toute sa liberté d'irrigation, et à l'Égypte sa fécondité première. Rien ne peut donner une idée de la joie que le peuple romain fit éclater lorsqu'il vit arriver dans le port creusé devant le mont Aventin les navires égyptiens, reconnaissables à la voile dite *supparum*, qu'ils avaient seuls le droit de porter à la cime de leur mât. A dater de ce jour, l'Égypte seule contentait, pour quatre mois, tous les ans, les exigences affamées des indigents du portique de Minucius, où était le bureau de bienfaisance romain.

Malgré toutes ces preuves de sollicitude révélées aux classes pauvres, les classes riches donnèrent à l'empereur des témoignages éclatants de leur reconnaissance; il y eut de très-rares exceptions prises parmi les usuriers, ceux qu'Horace appelle des *tourmenteurs d'argent, qui vexant pecuniam.* Auguste avait dans sa tête toutes les affaires de l'univers connu, et il ne daigna pas remarquer ces dissidents jaloux. Incontestablement ce fut la haute aristocratie de la richesse qui éleva dans les basiliques, les temples et les thermes, plus de quatre-vingts statues d'argent à l'empereur, statues soit équestres, soit curules, soit quadriges; ces dernières surtout devaient avoir une immense valeur, car elles étaient conformes à ces nombreux modèles de marbre que nous voyons encore aujourd'hui dans la salle des quadriges, au musée du Vatican. Auguste ne manqua pas de saisir cette occasion pour donner aux Romains une nouvelle preuve de son exquis bon sens : il laissa inaugurer les statues impériales, et ensuite il les fit fondre ; leur produit fut employé à construire le temple de Jupiter-Palatin ; et pour dédommager noblement les citoyens qui avaient payé ces statues, il fit graver dans le vestibule tous leurs noms sur des tables de marbre en lettres d'or. C'est un trait d'esprit monumental qui donne une juste idée du caractère d'Auguste et met le dernier sceau à la gloire de ce siècle et de son immortel créateur.

FIN DU DEUXIÈME ET DERNIER VOLUME.

Cooulommiers. — Imprimerie de A. Moussin.

Pour paraître incessamment

MÉMOIRES
DE NINON DE LENCLOS

LES MYSTÈRES DU VIEUX PARIS

PAR PIERRE ZACCONE

Sous Presse :

La Femme comme il faut, par Balzac;
La Circé de Paris, par Méry;
Héloïse et Abeilard, par Clémence Robert;
La Haine dans le Mariage, par Paul Féval;
Le Comte de Carmagnola, par Molé-Gentilhomme;
La Reine de Saba, par Emmanuel Gonzalès;
La Haine d'une Morte, par Amédée Achard;
L'Amant de Lucette, par H. de Kock;
Un Roman, par Élie Berthet;
Les Plaisirs du Roi, par Pierre Zaccone;
L'Homme du Monde, par Frédéric de Sézanne;
L'Amoureux de la Reine, par Jules de Saint-Félix;
Marquis et Marquise, par Eugène de Mirecourt;
Un Roman, par Ancelot;
Le Benjamin, par Martial Boucheron.

HISTOIRE
DU ROI DE ROME
(DUC DE REICHSTADT),

Précédée d'un coup d'œil rétrospectif sur la Révolution, le Consulat et l'Empire,

PAR J.-M. CHOPIN.

AUTEUR DE L'HISTOIRE DES RÉVOLUTIONS DES PEUPLES DU NORD, ETC., ETC.,

OUVRAGE ILLUSTRÉ DE 15 BELLES GRAVURES SUR ACIER.

Dessinées par MM. Philippoteaux, Jules David, Schopin, Baron, Staal.

CONDITIONS DE LA SOUSCRIPTION

HISTOIRE DU ROI DE ROME, illustrée, forme 30 livraisons.
Le prix de la livraison est de 30 cent. pour Paris et 40 cent. pour la province.
L'ouvrage est complet.

PARIS. — IMPRIMERIE SIMON RAÇON ET Ce, RUE D'ERFURTH, 1

www.ingramcontent.com/pod-product-compliance
Ingram Content Group UK Ltd.
Pitfield, Milton Keynes, MK11 3LW, UK
UKHW020433200726
13857UKWH00002B/409